Maurice Maeterlinck

DAS LEBEN DER AMEISEN

Mit einem Nachwort von Niels Werber
und zeitgenössischen Illustrationen

Übersetzt aus dem Französischen von Käthe Illch

GEGRÜNDET
1999

Maurice Maeterlinck

DAS LEBEN DER AMEISEN

Mit einem Nachwort von Niels Werber und zeitgenössischen Illustrationen

Übersetzt aus dem Französischen von Käthe Illch

Czernin Verlag, Wien

Gedruckt mit Unterstützung der Stadt Wien, Kultur

Maeterlinck, Maurice: Das Leben der Ameisen / Maurice Maeterlinck
Wien: Czernin Verlag 2025
ISBN: 978-3-7076-0883-0

Das Leben der Ameisen erschien übersetzt von Käthe Illch erstmals 1930 bei Deutsche Verlags-Anstalt Stuttgart und Berlin.

Übersetzung aus dem Französischen: Käthe Illch
Umschlaggestaltung und Satz: Mirjam Riepl
Bildauswahl: Czernin Verlag
Autorenfoto: French Portraits, Wikicommons
Druck: Finidr, Český Těšín
ISBN: 978-3-7076-0883-0

Inhalt

Einleitung

I

Nach dem Erfolge meiner Bücher über *Das Leben der Bienen* und *Das Leben der Termiten* fragte man mich wiederholt, warum ich das Triptychon nicht vollendete und jene dritte als Volk vorkommende Insektenart beschreibe. Ich habe mich lange besonnen; denn ich mochte die Ameise nicht. Bekannt wie sie ist, hielt ich es nicht der Mühe für wert, erneut Untersuchungen über ihre Intelligenz und Geschicklichkeit, ihren Fleiß und Geiz, ihre weise Voraussicht und Staatskunst anzustellen. Schließlich hat man derlei Bildungsgut bereits in der Vorschule erworben und schleppt es seitdem unter den Erinnerungsfetzen an die Tatsache der Thermopylenschlacht oder die Einnahme von Jericho mit.

Da ich zeit meines Lebens wesentlich mehr auf dem Lande als in der Stadt gelebt habe, begegnete ich natürlich der Ameise auf Schritt und Tritt und interessierte mich auch für sie. Gelegentlich hielt ich sie sogar in einem Glaskasten eingeschlossen, um so ihr ziellos geschäftiges Hin und Her besser beobachten zu können, ohne dass ich nun freilich viel daraus gelernt hätte.

Seitdem habe ich erkannt, dass wir über die Ameise, wie über alles auf dieser Erde, alles zu wissen glauben und doch so gut wie gar nichts wissen. Das Wenige, was wir in Erfahrung bringen können, zeigt uns zunächst nur, was uns zu lernen übrig bleibt.

Das weist uns vor allen Dingen auf die Schwierigkeit der Aufgabe hin. Der Bienenstock oder das Termitennest bilden einen Block, um den man herumgehen kann. Es gibt den Typus eines Bienenstocks, eines Termitennests, einer Biene, einer Termite; während es ebenso viele Ameisenhaufen wie Ameisenarten, ebenso viel verschiedene Lebensgewohnheiten wie Gattungen gibt. Man kommt dem Gegenstand niemals nahe, man weiß nicht, wo man ihn anpacken soll. Die Materie ist zu reich, zu umfassend, sie verzweigt sich unaufhörlich, das Interesse schweift ab und verteilt sich nach allen Richtungen. Keinerlei Einheit ist möglich, es fehlt an einem Mittelpunkt. Es geht nicht darum, die Geschichte einer Familie oder einer Stadt zu schreiben, sondern die Jahr- oder vielmehr Tagebücher von hundert verschiedenen Völkern.

Dazu kommt, dass man vom ersten Schritt an Gefahr läuft, in der einschlägigen Literatur zu ertrinken. Sie ist nicht minder reichhaltig wie die Literatur über die Bienen, die im entomologischen Amt zu Washington mehr als zwanzigtausend Kartotheknummern zählt. Der bibliographische Index, den Wheeler am Ende seines unter dem Titel *Ants (Ameisen)* erschienenen Werkes gibt, würde hundertunddreißig Seiten meines Buches füllen. Er ist zudem noch lange nicht vollständig und lässt die Veröffentlichungen der letzten zwanzig Jahre unberücksichtigt.

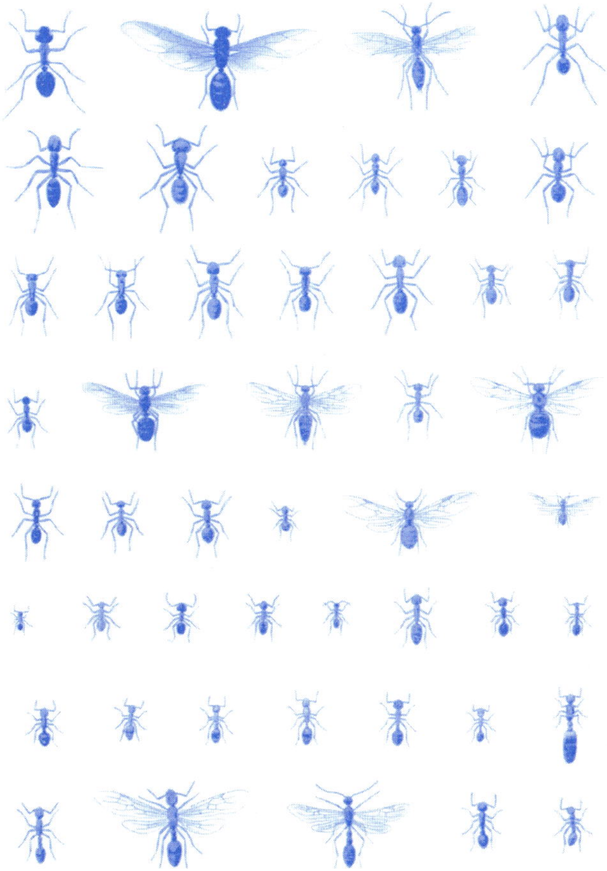

Ameisenarten Mitteleuropas

II

Man muss sich also beschränken und von den Kapazitäten leiten lassen. Wir wollen uns dabei nicht mit den Vorläufern: Aristoteles, Plinius, Aldrovandi, Swammerdam, Linné, William Gould, De Geer und einigen anderen aufhalten, sondern nur einen Augenblick bei René-Antoine Ferchault de Réaumur, dem eigentlichen Vater der Ameisenkunde, verweilen.

Er ist ihr Vater, aber ein Vater, den seine Kinder nicht gekannt haben. Der Entwurf zu der *Geschichte der Ameisen* lag unter seinen hinterlassenen Manuskripten begraben, wurde im Jahre 1860 von Flourens erwähnt und ist seitdem vollkommen in Vergessenheit geraten. Im Jahre 1925 entdeckte ihn der große amerikanische Ameisenforscher W. M. Wheeler von neuem und veröffentlichte in New York den französischen Text zusammen mit Anmerkungen und einer Übersetzung. Jene Arbeit hat also keinerlei Einfluss auf die Entomologen des letzten Jahrhunderts gehabt, verdient aber erwähnt zu werden, weil sie mit Nutzen und Vergnügen gelesen werden kann; denn Réaumur, der, als Ludwig XIV. starb, zweiunddreißig Jahre alt war, schrieb noch die Sprache des klassischen Zeitalters. Man findet bei ihm Ansätze, ja manchmal sogar schon darüber hinaus im Endergebnis viele Beobachtungen, die man für neu hielt. Diese kleine, übrigens unvollendete Abhandlung ist nur etwa hundert Seiten stark und erneuert oder besser, begründet die Ameisenkunde, so wie man sie heute auffasst.

Réaumur beginnt damit, eine Menge Legenden und Vorurteile zu zerstören, die seit Salomo, dem heiligen Hieronymus und dem Mittelalter der wesentlichen

Erkenntnis des Ameisennestes im Wege standen. Vor allem hatte er den Gedanken, die Ameisen in »poudriers«, wie er sie nennt, zu beobachten, das heißt, in »Glasflaschen (wie man sie im Studierzimmer eines Naturforschers sieht), deren Öffnung fast denselben Durchmesser hat wie ihr Boden«; auf diese Weise schuf er die seither für den Entomologen so wichtig gewordenen Versuchsnester. Er stellt fest, dass die Ameise, wie es die Erfahrung bestätigt hat, in feuchter Erde beinahe ein Jahr lang ohne jede Nahrung leben kann. Er versteht die Wichtigkeit und Bedeutung des Hochzeitsfluges und erklärt als Erster, warum die Weibchen Flügel haben, die sie unmittelbar nach der Paarung verlieren. Bis zu Réaumur war man überzeugt, sie wüchsen ihnen als eine Art Trost, damit sie mit mehr Würde sterben könnten, erst im Alter. Als Vorläufer von W. Gould beschreibt er, wie eine befruchtete Königin eine Kolonie gründet. Er beschäftigt sich mit der Legezeit und ahnt die Endosmose voraus, den Schlüssel zum unerklärlichen Rätsel ihres Wachstums. Er beschreibt, wie die Larve oder Puppe ihren Kokon anfängt, dessen Stoff, so sagt er, »aus mehreren Lagen aneinanderklebender Fäden besteht und so dicht ist, dass man ihn für eine Membrane halten könnte, wüsste man nicht, wie er entstanden ist«. Er vermerkt auch das Auswürgen, jenen, wie wir später sehen werden, hauptsächlichen und grundlegenden Akt des Ameisennestes. Es geht ihm sogar intuitiv die Erkenntnis der Lichttropismen auf, die eine so große Rolle in den ersten Lebensäußerungen spielen; außer ein paar verzeihlichen Irrtümern begeht er nur einen einzigen ziemlich schweren Fehler, nämlich er verwechselt Ameisen und Termiten. Aber diese Verwechselung war damals fast unvermeidlich, und der Unterschied wurde erst am Ende des 18. Jahrhunderts endgültig festgestellt.

III

Wenn auch ungern, so müssen wir uns doch der Kürze halber damit begnügen, die auf Réaumur folgenden Entomologen nur zu streifen, um dann gleich auf die Ameisenforschung der Gegenwart überzugehen: Leuwenhoeck, der sich mit den Verwandlungen beschäftigte, Latreille, der den ersten Versuch einer Klassifikation unternahm, Charles Bonnet, der große philosophische Naturforscher, der die Parthenogenese der Blattläuse, der »Milchkühe« der Ameisen, entdeckte, und verschiedene andere.

Unter den modernen Forschern gedenken wir als des ersten Pierre Hubers, des Sohnes von François Huber, dem Nestor der Bienenforschung. Beide sind Genfer Bürger. Ihr Landsmann Auguste Forel, der es wissen muss, da er neben Wasmann, Wheeler, Emery und einigen anderen einer der größten gegenwärtigen Ameisenforscher ist, erklärt die im Jahre 1810 veröffentlichten *Recherches sur les Mœurs des Fourmis indigènes* für die Bibel der Ameisenforschung. Er übertreibt nicht; an diesem Werk ist nur seine reizende Weitschweifigkeit etwas veraltet. Bei seinem Erscheinen fand es starken Widerhall und wurde lebhaft angegriffen, aber seine gewissenhaften und fast väterlichen Beobachtungen über jene Ameisenarten, welche damals vertraute Namen trugen und heute die Pratensis, die Rufibarbis und die Polyergus Rufescenz der Wissenschaft geworden sind, haben über hundert Jahre der Nachprüfung standgehalten. Nichts irgendwie Fehlerhaftes konnte an ihnen nachgewiesen werden. Forel geht übrigens von einem trefflichen Grundsatz aus, den er nie aus den Augen gelassen hat und der zum Grundgesetz der Entomologie geworden ist. »Je stärker der Reiz der Naturwunder auf mich wirkt«, sagt er, »umso weniger bin ich geneigt, sie durch phantastische Träumereien zu verfälschen.«

Sind nach Forel die *Recherches sur les Mœurs des Fourmis indigènes* die BIBEL, so sind *Les Fourmis de la Suisse* desselben Verfassers die SUMMA der Ameisenforschung. Namentlich die im Jahre 1920 erschienene zweite Auflage bildet die eigentliche Enzyklopädie der Ameise. Obwohl darin nichts unklar bleibt, zeigt sie doch auch die Kehrseite ihrer Vorzüge. Sie ist zu sehr Essenz, es ist zu viel in sie hineingestopft, sodass man den Wald vor lauter Bäumen nicht sieht und sich schließlich verirrt. Davon abgesehen, kommt nichts der Sicherheit und Genauigkeit seiner Beobachtungen, der Tiefe und Lauterkeit seines Wissens gleich. Es ist kaum möglich, von der Ameise zu sprechen, ohne ein Drittel von dem, was man sagt, Forel zu verdanken. Freilich schuldet er selber zwei Drittel anderen Spezialisten. So schreitet die Wissenschaft fort, für die nach keiner Seite hin das menschliche Leben ausreicht, oder anders ausgedrückt, so schreitet die Geschichte fort; denn die Ameisenkunde ist im Grunde nur die Geschichte einer ungewöhnlichen Völkerschaft. Wie alle Geschichte, muss sie oft überprüft und richtiggestellt werden, und zehn Menschenleben würden nicht ausreichen, die Beobachtungen zusammenzustellen, die wir heute besitzen. Sie sind die Früchte einer fast zweihundertjährigen Arbeit. Es handelt sich darum, in diesen zahllosen, scheinbar widerspruchsvollen und unzusammenhängenden kleinen Tatsachen einen allgemeinen Sinn zu finden. Und das ist leichter versucht als getan.

Nach Forel haben wir Wasmann zu nennen, einen deutschen Jesuiten, dessen Name auf jeder Seite der Ameisenkunde wiederkehrt. Er hat sich vor allem mit den Sklavenhaltern beschäftigt und dreißig Jahre dem, wie wir später noch sehen werden, verwirrenden Studium der Parasiten des Ameisennestes gewidmet. Er ist ein wunderbarer Beobachter von vorbildlicher Geduld und Genauigkeit.

Die bloße Aufzählung seiner Bücher, Broschüren und Zeitschriftenartikel würde zwölf Seiten dieses Buches füllen. Bedauerlich ist nur, dass im Augenblick, da die Deutungen schwierig werden, sich der Theologe oder Kasuistiker dem Manne der Wissenschaft gesellt und sich bemüht, einen Gott zu verteidigen oder zu verherrlichen, der allzu offenkundig der Gott seines Ordens ist.

Bei William Morton Wheeler, Professor der Entomologie an der Harvard-Universität, durchdringt nicht die Theologie, sondern das menschliche Denken die rein objektive Wissenschaft und macht sie lebendig. Wheeler ist in der Tat nicht nur ein ebenso gewissenhafter, ebenso fruchtbarer Beobachter wie Forel und Wasmann, er ist auch ein Geist, der weiter und tiefer sieht und es versteht, aus seinem Material allgemein gültige Schlüsse von größerer Bedeutung zu ziehen.

Zu erwähnen sind noch die zahllosen, peinlich genauen und in jeder Hinsicht untadeligen Aufsätze des Ingenieurs Charles Janet. Er hat mit seinen Forschungsergebnissen, Mitteilungen, Monographien und den ihnen beigegebenen nachgerade klassischen anatomischen Tafeln seit annähernd fünfzig Jahren die Ameisenkunde, wie viele andere Wissensgebiete, bereichert. Er ist einer jener großen Arbeiter, denen erst nach ihrem Tode Gerechtigkeit widerfährt.

Als bedeutender klassifizierender Forscher darf auch der Italiener C. Emery nicht vergessen werden. Er unterzog sich der undankbaren, trockenen, aber notwendigen Arbeit, die genaue technische Beschreibung, gleichsam das myrmekologische Erkennungsblatt der meisten Ameisen zu geben, wonach sie sich ohne weiteres bestimmen ließen. Wahrscheinlich werden allmählich gute farbige fotografische Vergrößerungen diese Typenbeschreibungen ersetzen; denn sie sind nicht minder unzulänglich als die Personalbeschreibungen der Reisepässe. Andere Spezialisten, vor allem Bondroit und Ernest André, haben sich der selben Aufgabe unterzogen. Ernest André ist außerdem der Verfasser der einzigen gemeinverständlichen Monographie, die wir besitzen. Leider ist sie etwas überholt, da sie bereits vor annähernd einem halben Jahrhundert geschrieben wurde, also zu einer Zeit, da Forel gerade seine erste Darstellung der *Fourmis de la Suisse* gegeben hatte und Wasmann und Wheeler ihre Arbeiten begannen. André weiß unter anderem nichts von den pilzzüchtenden Ameisen, die man damals Blattschneider nannte, weil man annahm, dass sie sich einzig darauf beschränkten, Blätter auszuschneiden und damit ihre Laufgänge zu verkleiden. Sodann kennt er die merkwürdigen Schiffchenameisen nicht und ist nicht auf dem Laufenden über den Stand der jüngsten Dorylus-Gastameisenforschungen; er weiß nichts von den interessanten Experimenten über Geruchssinn und Orientierungsvermögen, nichts von den tragischen Umständen, unter denen eine Kolonie gegründet wird usw.; auf der anderen Seite nimmt er wohl gar zu gläubig, wenn auch mit Vorbehalt, mancherlei rührend naives Gerede über die Totengärten unserer Hautflügler, unserer kleinen Erdarbeiter, über ihren Totenkult, die Leichenzüge, Begräbnisse erster Klasse usw. in seine Darstellung auf. In Wahrheit beseitigen die Ameisen ihre Gestorbenen schleunigst, tragen sie vom Bau weg und sind taktvoll genug, sie nicht, wie

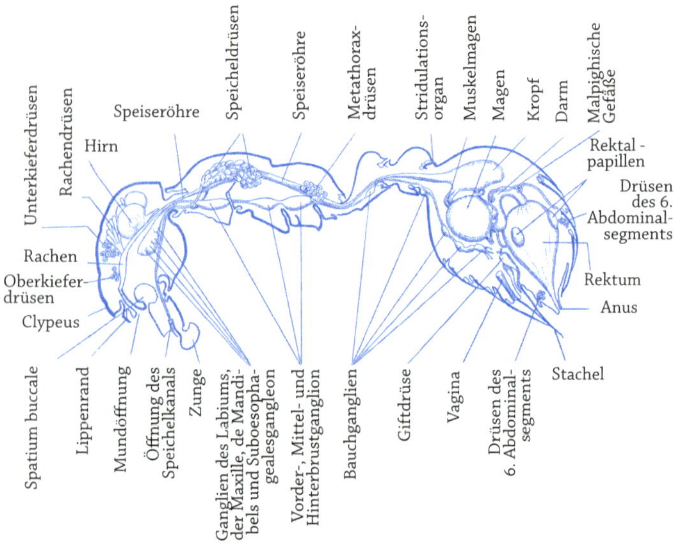

Innere Struktur von *Myrmica rubra* ☿

die Termiten, aufzufressen. Der Grund wird der sein: Sie könnten sie einfach nicht verdauen.

IV

Aber damit sei es genug der Aufzählung. Noch mehr würde langweilen. Die weiterhin wichtigen Namen werden im Verlaufe der folgenden Seiten vorüberziehen, auch wird man sie, soweit sie wirklich wesentlich sind, am Ende des Buches in einer, aus Raummangel freilich notwendigerweise beschränkten, Bibliographie wiederfinden.

Es mag vielleicht sonderbar scheinen, dass ein paar hundert Männer, und nicht die schlechtesten, statt sich um ungleich nützlichere Dinge zu kümmern, so viel Zeit und Mühe aufgewendet haben, das Leben dieser kleinen Insekten und ihrer verschwiegensten Geheimnisse aufzudecken. Aber wo es sich um das Mysterium des Lebens handelt, gibt es kein Groß und Klein. Alles lebt auf derselben Ebene, alles hat die gleiche Höhe, und der Astronom arbeitet auf keinem anderen Niveau, in keiner anderen Welt als der Entomologe.

Es gibt keine Rangordnung in den Wissenschaften, und die Ameisenforschung ist eine Wissenschaft, welche noch dazu mehr als manche andere die denkbar tragischsten Fragen aufwirft und die Grenzen des verstandesmäßig Fassbaren streift. Von einer bestimmten Seite her gesehen, ist das elendeste Ameisennest ein Abbild unserer eigenen Geschicke im Kleinen und also interessanter als die ungeheuerste Anhäufung jener nebelhaften Welten jenseits unserer Milchstraße, die unsere Sonne einige tausendmal an Riesengröße übertreffen. Vielleicht verhilft uns das Ameisennest rascher und wirksamer zu einer Entwirrung der Gedanken und Hintergedanken der Natur, vielleicht entschleiern sich uns in ihm eher die auf Erden wie im Himmelsgewölbe allenthalben gleichen Tiefen.

Um unsere Teilnahme für Lebewesen, welche nicht auf unserer Stufe stehen, so zu wecken, wie es billig und notwendig ist, wollen wir annehmen, es handle sich um die Geschichte einer vormenschlichen Rasse, die etliche Jahrtausende oder -millionen vor uns über die Erde wandelte. Nichts spricht dagegen, es habe eine derartige Rasse gegeben, aber uns berechtigt auch nichts zu der Behauptung, dass nicht Abertausend oder Millionen Jahre nach uns eine nachmenschliche Rasse auftauchen wird. In der Unendlichkeit der Zeiten sind Vergangenheit und Zukunft ein und dasselbe.

Allgemeine Begriffe

I

Frischen wir zunächst möglichst rasch ein paar Grundbegriffe auf. Die Ameisen sind stachelbewehrte Wühler und staatenbildende Hautflügler. Bisher hat man sechstausend Arten beschrieben, deren jede einzelne ihre besonderen Lebensgewohnheiten und Merkmale aufweist. Übrigens ist damit zu rechnen, dass sich diese Zahl bei einer freieren Klassifizierung verdoppeln wird. Aber wir wollen uns nicht im Gestrüpp dieser entomologischen Einteilungen verlieren. Eine Beschäftigung mit den Gattungen, Ordnungen, Arten, Rassen, den Ab- und Spielarten, Familien, Stämmen, Abteilungen und den vielfältigen Unterabteilungen würde zu weit führen und wäre überdies auch uninteressant. Wir wollen uns vielmehr damit begnügen, sie nach Wheeler in acht Hauptklassen einzuteilen, nämlich die Dorylinen, Cerapachyinen, Ponerinen, Leptanillinen, Pseudomyrminen, Myrmicinen, Dolichoderinen und Formicinen. Nur die Myrmicinen und die Formicinen sind gleichsam Weltbürger; alle anderen kommen allein in den tropischen oder subtropischen Ländern vor. Die gemeinsamen Ahnen sind anscheinend die Ponerinen.

Nun, schließlich interessieren diese Namensregister, die oft, wie zum Beispiel bei Forel und Emery, noch viel komplizierter sind, nur die zünftigen Ameisenforscher.

Die Ameisen und die Termiten sind im wahrsten Sinne des Wortes in Volksverbänden lebende Insekten, während die Bienen, entgegen der allgemeinen Ansicht, bloß ausnahmsweise Staaten bilden. Denn von den tausend uns bekannten Bienenarten kommen nur fünfhundert als Völker vor; hingegen gibt es keine einzige für sich lebende Termite, keine einzige für sich lebende Ameise.

Anders wie die Termiten, die auf die Länder der heißen Zone beschränkt sind, haben die Ameisen fast alle bewohnbaren Teile des Erdballs, mit Ausnahme der Arktis und der großen Höhen, überflutet. Geologisch sind sie allem Anschein nach jünger als die Termiten, deren Vorfahren Blattoiden waren, das heißt, noch für sich allein lebende Tiere aus der Kreide- oder Sekundärzeit. Deren vermutliche Vorläufer sind wiederum die Protoblattoiden, die wahrscheinlich in der permischen Formation, jener oberen Schicht der Primärzeit, gelebt haben.

II

In den Ablagerungen der Tertiärzeit ist die Ameise das am häufigsten vorkommende Insekt. Man findet sie bereits im Eozän, der ältesten Schicht. Allerdings noch ziemlich selten. Dafür tritt sie im Oligozän und Miozän umso zahlreicher auf. Elftausendsiebenhundertelf Exemplare im Bernstein der Ostsee, dazu Hunderte aus dem sizilianischen Bernstein, der dem mittleren Miozän angehört, hat man untersucht. Dabei machte man nun wider Erwarten die höchst verblüffende Feststellung, dass die ältesten Ameisen nicht primitiver sind als jene im fossilen Bernstein, und dass trotz den Jahrmillionen, die sie voneinander trennen, die gegenwärtigen Formen

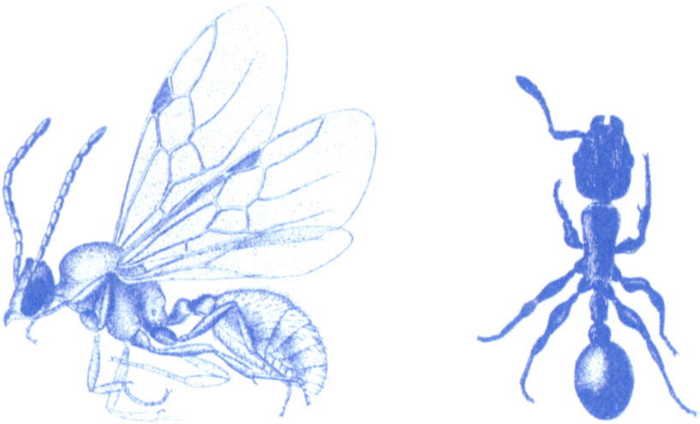

Männliches Exemplar von *Aeromyrma sp.* aus dem baltischen Bernstein

kaum mannigfaltiger und entwickelter sind. »Manche«, erzählt Wheeler, »hatten bereits gelernt, die Blattläuse zu melken, nährten sich folglich von ›lebenden Tieren‹.« Das zeigt uns ein Bernsteinblock der Königsberger Sammlung, worin sich Arbeiterinnen der Iridomyrmex Goepperli zusammen mit jungen Blattläusen finden. Es lässt sich nach Klebs, der in seiner Statistik der Bernsteinkäfer drei Paussidenarten erwähnt, kaum bezweifeln, dass die Bernsteinameisen sogenannte ›Freunde‹ in ihrem Neste hatten. Und die Paussiden sind mit den Keulenkäfern die gefährlichsten Parasiten, welche, wo immer sie sich niederlassen, die Arbeiterinnen in den Nestern rauschsüchtig machen.

Nun kennzeichnen die Nutzviehzucht und das Halten von Parasiten, insbesondere zu Luxuszwecken, wie wir sehen werden, den Höhepunkt ihrer gegenwärtigen Zivilisation. Was ergibt sich daraus? Wenn man will, recht Seltsames, zum Beispiel, dass die Entwicklung unsicherer ist, als man gemeiniglich behauptet, dass der Fortschritt nur eine Illusion ist und sämtliche Gattungen mit ihren verschiedenen Zivilisationsgraden, wie die Bibel sagt, in einem Augenblick und Tag geschaffen wurden. Danach käme also die Überlieferung der Wahrheit näher als die Wissenschaft. Nebenbei bemerkt, erinnert die allgemeine Verbreitung der Termiten und Ameisen, denen man in allen Zonen der Alten und Neuen Welt begegnet, gleichfalls an eine geheimnisvolle alte Sage, älter als die Bibel. Darin heißt es, eine jede Zivilisation stamme aus den nördlichen Breiten, es habe eine antarktische Brücke bestanden, die alle Erdteile miteinander verbunden habe und ebenso warm gewesen sei wie die äquatorialen Länder.

Aber ohne kühne Behauptungen aufzustellen, darf man jedenfalls ruhig sagen, dass die Ameise unermesslich viel älter ist als die ältesten geologischen Exemplare, die wir von ihr kennen. Man müsste viel weiter zurückgehen, bis zu Hunderten, ja sogar Tausenden von Jahrmillionen, in den Urschoß der Zeiten, bis zur Vorkreidezeit, bis zum Ende der Permepoche, die durch hohe Temperatur und große Trockenheit gekennzeichnet war. Allein vom Mittelalter der Erde an fehlen die Versteinerungen.

Es ließe sich auch die Ansicht vertreten, dass jede Entwicklung tausendmal langsamer vor sich geht, als wir uns vorstellen, nämlich so unfassbar langsam, dass sie zu spät kommen muss und unsere Erde darüber wahrscheinlich untergegangen sein wird, ehe sie ihr Ziel erreicht hat, – falls es überhaupt so etwas wie ein Ziel gibt. Nach der Auffassung einiger Ameisenforscher allerdings, vor allem Wheelers, kann man eine sehr einleuchtende Entwicklung von Art zu Art verfolgen. Danach wären die Ameisen, durch verschiedene Umstände dazu gedrängt, von Erdbewohnern, die sie ursprünglich waren, zu Baumbewohnern geworden, hätten sich der insekten-, also fleischfressenden Lebensweise, wobei sie auf Raub ausgehen mussten, entwöhnt und wären zur Milch der Blattläuse übergegangen, das heißt zum Hirtenleben und später zur Pilzzüchtung, mit anderen Worten: zum Ackerbau und zur Pflanzenkost. Diese übrigens nicht unbestrittene Entwicklung, deren sämtliche Stufen heute nebeneinander bestehen, gemahnt merkwürdig an die Entwicklung des Menschen; denn auch er ist nacheinander Jäger, Hirte und Ackerbauer gewesen. Man könnte in dieser Tatsache gleichfalls die drei von Auguste Comte aufgestellten Stadien der menschlichen Geschichte erkennen; das der Eroberung, der Abwehr und des Gewerbebetriebes. Sicherlich herrscht da eine merkwürdige Übereinstimmung.

III

Die Bevölkerung des Ameisennestes setzt sich zusammen aus Königinnen oder befruchteten Weibchen – sie leben etwa ein Dutzend Jahre –, ferner aus unzähligen Legionen geschlechtsloser Arbeiter und Arbeiterinnen. Sie sind nicht so überanstrengt wie die Bienen und werden drei bis vier Jahre alt. Schließlich sind noch einige hundert männliche, bereits nach fünf, sechs Wochen sterbende Tiere vorhanden; denn in der Welt der Insekten wird das Männchen fast immer geopfert.

Lediglich die Weibchen und Männchen besitzen Flügel, die sie sich übrigens nach dem Hochzeitsflug ausreißen. Es gibt nicht wie bei den Bienen und Termiten nur eine einzige Königin oder Mutter, sondern so viele Eierlegerinnen, wie der geheime Rat, der den Geschicken der Ameisenrepublik vorsteht, für notwendig erachtet. In kleinen Ameisennestern zählt man deren zwei oder drei, in großen einige fünfzig, und in den Bundesnestern ist ihre Zahl unbestimmt.

Wir begegnen hier wieder dem großen Problem des Bienenstocks und Termitenbaus. Wer herrscht und regiert in der Gemeinde? Wo verbirgt sich der Kopf oder Geist, der befiehlt und dem ohne Widerrede gehorcht wird? Das Einvernehmen ist nicht minder zweifellos und wunderbar als bei den anderen Insektengruppen und muss schwieriger sein, weil das Leben der Ameisen im Allgemeinen ungleich verwickelter ist und sich viel eigenwilliger und abenteuerlicher abspielt. Bisher ist vielleicht meine Erklärung, wie ich sie im *Leben der Termiten* vorschlug, noch am annehmbarsten, dass nämlich das Ameisennest als Einzelindividuum aufzufassen ist, dessen Zellen, anders als die etwa sechzig Trillionen Zellen unseres Körpers, nicht mehr zusammengeballt, sondern getrennt, verstreut und ohne Zusammenhang sind, dabei jedoch trotz ihrer scheinbaren Unabhängigkeit demselben Zentralgesetz unterworfen bleiben. Es ist gleichfalls möglich, dass man in ihm eines Tages ein ganzes Netz elektromagnetischer, ätherhafter oder psychischer Verbindungen entdeckt, von denen wir bisher nur eine höchst ungenaue Vorstellung haben.

IV

Sieht man übrigens näher zu, so sind die sechzig Trillionen Zellen unseres Körpers relativ genau so verstreut wie die tausend Bienen, Termiten oder Ameisen außerhalb ihrer Behausung. Die Entfernungen unserer Zellen voneinander entsprechen ihrer Größe oder doch

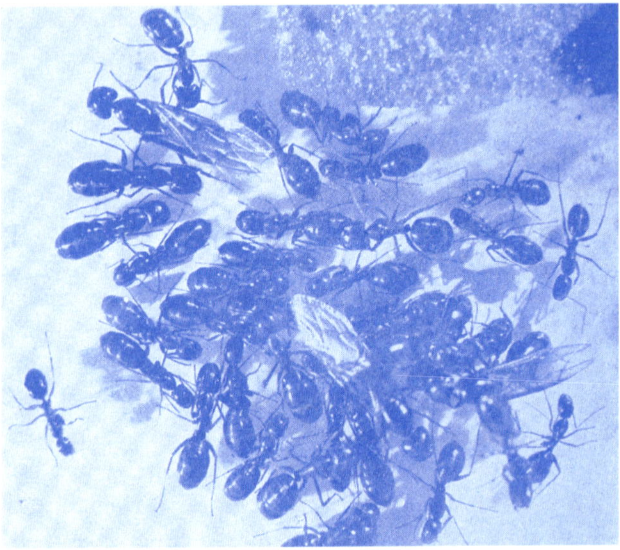

Teil einer Kolonie von *Camponotus americanus,* bestehend aus jungfräulichen, geflügelten Königinnen und Arbeiterinnen

der Größe der Elektronen, die ihre Seele bilden; sie müssen vergleichsweise ebenso groß sein wie die Entfernungen zwischen den Gestirnen am Firmament. Denn das Unendlich-Kleine stimmt überein mit dem Unendlich-Großen. »Wenn der menschliche Körper«, sagt Wheeler sehr richtig, so zusammengepresst werden könnte, dass alle Elektronen miteinander in Berührung kämen, würde er nur einen Umfang von einigen Kubikmillimetern haben.« Diese Komprimierung oder Dichte ist nicht unmöglich, da die Natur sie in bestimmten Sternen, den ›weißen Zwergen‹, verwirklicht hat, vor allem in dem geheimnisvollen Trabanten des Sirius, auf dem ein Liter Wasser, bliebe es flüssig, fünfzigtausend Kilogramm wöge.

Stimmt das, dann fänden wir leichter eine Erklärung dafür, weshalb, wie wir später sehen werden, die Arbeiterinnen in einer riesigen Kolonie verbündeter Nester so verblüffend genau wissen oder vielmehr »riechen«, wie viel befruchtete Weibchen gebraucht werden. Wenn wir Hunger und Durst haben, begibt sich in unserem riesigen Zellenstaat etwas Ähnliches. Es herrscht in ihm ein Kollektivhunger und -durst. Alle unsere Zellen empfinden ihn gleichzeitig und befehlen denen, die nach außen hin handeln, das Notwendige zu tun, damit der Allgemeinhunger und -durst gestillt werde; sie befehlen ihnen, mit der Arbeit aufzuhören, sobald die im Augenblick wichtigen Bedürfnisse befriedigt sind.

Man sieht, der Vergleich ist gar nicht so kühn wie man glaubt. Wir sind lediglich ein Kollektivum, eine Kolonie von Gesellschaftszellen; wir wissen aber durchaus nicht, wer die wunderbar verwickelte und verästelte Tätigkeit unseres organischen Lebens befehligt, leitet, regelt und in Einklang bringt. Wir kennen also die Grundlage eines Daseins nicht, dessen bewusstes oder geistiges Leben nur eine verspätete, nebensächliche, ungewisse und vergängliche Äußerung ist. Wir erfassen, wir durchschauen unser eigenes Geheimnis nicht, obwohl es uns doch gewissermaßen in die Augen springt. Wie also dürfen wir hoffen, es in den Niederlassungen der Insektenvölker zu entschleiern?

V

Es ist demnach wahrscheinlich, dass es zunächst ein gemeinschaftliches, einhelliges Leben gibt, von dem aus das Geschick des Ameisennestes im Großen und Ganzen abhängt. Aber innerhalb dieser allgemeinen, alles mitreißenden Bewegung zeichnen sich eine Menge individueller Handlungen ab, die sie verstärken, ja sogar auf ihren Verlauf einwirken können. Man sieht darin, ähnlich wie in unserer Geschichte, eine gewisse Freiheit innerhalb des vorgezeichneten Schicksals. Um sich darüber klar zu werden, genügt es, die Arbeit der Ameisen zu beobachten. In dem Zusammenhange mag hier auf das von Huber gezeichnete Bild hingewiesen sein. Er sagt zu diesem Punkt Unübertreffliches:

»Besonders zu Beginn eines Unternehmens glaubt man bei den Ameisen einen Gedanken auftauchen zu sehen, der dann durch ihr Handeln verwirklicht wird. Entdeckt beispielsweise ein Tierchen auf dem Nest zwei sich kreuzende Grashälmchen, welche die Bildung einer Kammer begünstigen, oder winzig kleine Balken, die deren Winkel und Seiten vorzeichnen, so kann man sehen, wie es die Teile dieses Ganzen prüft und mit viel Folgerichtigkeit und Geschick Erdklümpchen in die Höhlungen längs des Stängels schafft. Es holt von überall her das geeignete Material zusammen und schont unter Umständen nicht einmal die Arbeit anderer; so stark wird das Insekt von dem Gedanken beherrscht, den es einmal gefasst hat und unbeirrbar verfolgt. Es läuft, kommt, kehrt wieder, bis sein Plan von anderen Ameisen aufgegriffen werden kann.

An einer anderen Stelle des Ameisennestes scheinen mehrere Strohhalme eigens dazu angebracht, das Dach-

Bau der Ernteameise

gebälk einer großen Hütte zu bilden. Eine Arbeiterin erkennt den Vorteil der Lage: Eine halbe Daumenlänge hoch schweben Halmteile horizontal über der Erde; sie kreuzen sich und ergeben ein längliches Parallelogramm. Das geschickte Tier trug zunächst Erde in alle Winkel und die kleinen Gerüstbalken entlang, aus denen der Bau werden sollte; dieselbe Arbeiterin hatte bereits mehrere Reihen dieses Materials aneinandergebaut, sodass sich das Dach der Hütte schon recht deutlich abhob, als sie die Möglichkeit begriff, noch eine andere Pflanze als Stütze einer vertikalen Wand mit heranzuziehen. Das tat sie und richtete die Fundamente danach. Da inzwischen andere Ameisen herbeigekommen waren, beendeten sie gemeinsam die angefangene Arbeit ihrer Kameradin.«

VI

Wir alle haben ähnliche Vorgänge beobachtet, wenn es den Tieren darauf ankam, einen Grashalm fortzuschaffen, eine Lache zu durchqueren, ein Insekt zu zerstückeln und in das beengte Nest hineinzubringen usw. Derartiges wiederholt sich bei allen wichtigen oder ungewöhnlichen Begebenheiten, jedenfalls bei allen, die wir wahrnehmen und verstehen können, und die natürlich im Vergleich zu denen, die uns völlig entgehen, ziemlich selten sind. Ein Gedanke wird nur aufgegriffen, wenn er gut erscheint. Es gibt keine vorherige Verständigung, kein angeborenes Einvernehmen, sondern erst an Ort und Stelle wird die Lage beurteilt und der Entschluss gefasst. Es ist wie bei den Menschen, die nur den Grundriss des zu erbauenden Hauses haben. Das Schauspiel ist noch verblüffender, muss eine Entscheidung getroffen werden, von der womöglich die Zukunft einer Kolonie abhängt, also namentlich im Falle der Auswanderung und Aufgabe des Nestes. Vor allem sind da die gemischten Nester besonders interessant, in denen Herren und Sklaven oder Helfer zweier verschiedener Rassen, deren Intelligenz und Gewohnheiten voneinander abweichen, zusammenleben. Setzen wir den Fall, die Glebarias, die Haushälterinnen der Amazonen, fänden eines schönen Tages ihren Bau zu klein. Sie können das besser beurteilen als ihre Herrinnen, die von ihnen gepflegt und ernährt werden und nur aus ihrer Apathie erwachen, um in den Krieg zu ziehen. Eine solche Amazonenamme entdeckt nun auf ihren dauernden Reisen in der Nachbarschaft ein geräumiges, verlassenes Ameisennest und es kommt ihr bequemer oder passender vor als ihr eigenes. Durch Fühlerschläge teilt sie sich zwei oder drei ihrer Schwestern mit, schleppt sie fast mit Gewalt zu dem bevorzugten Nest und erklärt ihnen dessen Vorteile. Sie lassen sich überzeugen, werben von sich aus Anhänger, und bald wird, vielleicht durch eine Minderheit, aber eine rührige Minderheit, die den Reiz des Neuen als Argument für sich hat, die Auswanderung beschlossen. Darauf gilt es, die Krieger umzuquartieren. Werden sie gefragt? Offenbar nicht. Denn jeder Sklave ergreift kurzerhand einen seiner Herren, trägt ihn zu dem neuen Wohnsitz, setzt ihn am Eingang ab, wo er von anderen Sklaven empfangen wird, die ihn in die unterirdischen Kammern führen; alsdann schreitet man zur Überführung der Eier, der Larven und Puppen.

Manchmal entstehen Schwierigkeiten, ein Teil der Kolonie weigert sich, die Veränderung mitzumachen; bisweilen sehnen sich die Auswanderer sogar nach ihrem ursprünglichen Nest zurück und kehren in Massen wieder heim.

Diese Tatsachen sind keineswegs erfunden oder zu eindeutig ins Menschliche übertragen. Sie sind wiederholt festgestellt, und wer sich die Mühe machen will, kann sie selbst nachprüfen. Sie zeigen, dass der Anteil des geheimnisvollen Einverständnisses oder des angeborenen Einvernehmens an diesen Vorgängen begrenzt ist. Es bekundet sich besonders bei der Verteilung der Aufgaben, bei der Abschätzung der zum Gedeihen der Kolonie unerlässlichen Zahl von Männchen und Weibchen und bei anderen wichtigen Gelegenheiten. Aber geschieht es spontan und rein instinktiv? Wir wissen darüber nichts! Geben wir das ruhig zu. Wir haben an den Beratungen nicht teilgenommen und es entgeht uns fast alles, was sich in den Tiefen des Ameisennestes abspielt. Wir können höchstens feststellen, dass die Ameise, wie wir, mitunter zu schwanken scheint zwischen dem Instinkt, der das Schicksal bedeutet, und dem Verstand, der die gerade Linie dieses Schicksals abzubiegen vermag. Sobald jedoch der Verstand in dieser Welt auftritt, weckt er Gefahren und bereitet Schwierigkeiten, die der Instinkt nicht kennt. Dafür umgeht er andere, die wiederum der Instinkt seinem Wesen nach gewiss nicht hätte vermeiden können. Die Ameise hat denselben Weg wie wir beschritten, daher kennt sie menschliche Irrtümer und Gefahren. Sie wird gleich uns von einem unbekannten Geschick fortgerissen, kann sich aber, wie wir, in ihrer geschlossenen Sphäre frei bewegen. Haben die inneren Strömungen den Lauf dieser Sphäre verändert? Es bleibt fraglich. Bevor man darauf, wie auf so manches andere, irgendwie antworten könnte, müsste man allzu viel wissen.

VII

Welche Namen soll man dieser Form des Einvernehmens und der daraus hervorgehenden Verwaltung geben? Welche unserer menschlichen Formen wäre dafür annähernd verwendbar? Haben wir ein Staatengebilde mit bloßen Reflexäußerungen vor uns? Allein wohin anders könnte das führen denn in den Tod? Ist die Ameisenrepublik, wie man kürzlich sagte, eine »organisierte Anarchie« oder die »kumulative Form einer kollektivistischen Gesellschaftsordnung«? Wer kann uns beantworten, was diese Worte bedeuten? Schließen wir die Theokratie und die Monarchie aus – sie sind ziemlich unwahrscheinlich –, so bleiben die Demokratie, die Oligarchie und, was vermutlich hier zutrifft, die Aristokratie und die Greisenherrschaft. Wir sehen, wie sie bei ihren Arbeiten immer dem

Beispiel einiger Arbeiterinnen, die mehr Initiative als die anderen haben, folgen. Nichts unterscheidet sie von der Menge; sie tragen keine Uniform und keinen Federbusch, aber zweifellos werden sie von ihren Gefährtinnen anerkannt und man folgt ihnen willig. Sind sie erfahrene Greise oder junge geniale Führer? Ihre Befehle sind eher Ratschläge, deren Gründe sie oft darlegen und deren Vorteile sie erklären müssen, denn die Überredungskunst ist wichtiger als die Autorität. Es sieht aus wie die Herrschaft des jeweils besten Gedankens auf der festen und dauerhaften Grundlage des allgemeinen Instinkts. Man verliere nicht aus dem Auge, dass sich hier alles in dem erhabenen Zeichen der Einigkeit und Liebe vollzieht, was ihre Herrschaft wunderbar stärkt und erweitert – aber im Zeichen einer so reinen und selbstlosen Liebe, dass wir uns davon niemals eine Vorstellung machen werden.

Huber hat das vorausgefühlt. »Also ist«, sagt er, »das große Geheimnis der Harmonie, die man in diesen Republiken bewundert, kein so verwickelter Mechanismus, wie man annimmt, es muss in ihrer gegenseitigen Zuneigung gesucht werden.« Und ebendiese entspringt, wie wir weiter unten begreifen werden, unmittelbar einem ganz besonderen Organ, dessen Tätigkeit die ganze Psychologie, das ganze Sittengesetz des Ameisennestes beherrscht.

Zu der Bemerkung Hubers fügt Espinas sehr richtig hinzu: »Ich würde eher sagen, dass man dieses Geheimnis in ihrer gemeinsamen Liebe zu den Larven zu suchen hat (denn neben dem Zweck muss man die Mittel angeben), in der schwachen, durch die Nachahmungs- und Anpassungsgesetze, die wir aufgezeigt haben, vervielfachten Dosis individuellen Verstandes, wie er dem Hautflügler eigen ist.«

Man kann in der Tat feststellen, dass im Gegensatz zu dem, was für Menschenmassen gilt, bei den Gesellschaftsinsekten der kollektive und kumulative Verstand offenbar mit der Anzahl seiner Zellen proportional wächst. Denn die fruchtbarsten Arten und dichtbevölkertsten Kolonien sind gewöhnlich die unternehmendsten, erfindungsreichsten und zivilisiertesten.

Wie immer dem sei, so scheint mir die »gegenseitige Zuneigung« Hubers und die »gemeinsame Liebe zu den Larven« des Espinas der Wahrheit sehr nahe zu kommen. Wir haben hier die Idealrepublik, wie wir Menschen sie nie kennenlernen werden, die Republik der Mütter. Obgleich sie Jungfrauen sind, empfinden sie alle kraft ihrer Berufung Mütterlichkeit tiefer und leidenschaftlicher als die eigentliche Gebärerin. Man sehe sich um in der ganzen Natur, nirgends wird man eine so herrliche Mutterliebe finden. Die Henne verteidigt ihre Küchlein gegen alles, aber ihre Eier liebt sie noch nicht. Reiße einer Arbeiterin, die einen Kokon zu retten versucht, den Hinterleib ab, schneide ihr, wenn du den elenden Mut dazu hast, die beiden Hinterbeine ab, sie wird ihre Last nicht fahren lassen, sondern auf den vier Beinen, die ihr verblieben, ihre Eingeweide hinter sich herziehen – denn ihre Lebenskraft ist nicht minder wunderbar als ihre Liebe –, sie wird ihren Weg fortsetzen und erst dann ans Sterben denken, wenn die Larve oder Puppe, die für sie die Zukunft bedeutet, in Sicherheit gebracht ist.

Jeder also tut in diesem heldischen Matriarchat hartnäckig seine Pflicht zum Nutzen aller, als wären alle nur er selber. Der Schwerpunkt des Bewusstseins und des Glückes ist ein anderer als bei uns. Er liegt nicht im Einzelwesen, sondern überall da, wo sich eine Zelle des

Innenansicht eines Ameisennestes, das die Einteilung der Larven und Puppen nach ihren Entwicklungsstadien zeigt

Ganzen bewegt, von dem das Einzelwesen nur ein Teil ist. Daraus ergibt sich eine Art Regierung, die allem überlegen ist, was der Mensch je verwirklichen könnte.

Das Geheimnis des Ameisennestes

I

Von Äsops Fabel an, deren Quellen sich im prähistorischen Dunkel verlieren, bis zu Jean de La Fontaine war die Ameise das am meisten verleumdete Insekt. Im Gegensatz zur Grille, die man, niemand weiß warum, mit allen leichten und schmückenden Tugenden ausstattete, war die Ameise zum griesgrämigen Sinnbild misstrauischer Knauserei, kleinlicher Missgunst, engherziger, böswilliger, beschränkter und übelster Knickrigkeit geworden. Sie spielte neben der strahlenden und dabei unverstandenen großen Künstlerin die Rolle des Kleinbürgers, Kleinrentners oder kleinen Beamten und Krämers aus der engen Straße einer Kleinstadt ohne sanitäre Einrichtungen; und die ihr am meisten glichen, verachteten sie am tiefsten. Um sie zu rehabilitieren und ihr Gerechtigkeit widerfahren zu lassen, bedurfte es der Arbeit unserer großen Ameisenforscher, deren zeitlich erster, wie wir bereits wissen, Jean Pierre Huber war.

Heute ist der Beweis erbracht: Die Ameise ist unstreitig eines der edelsten, mutigsten, wohltätigsten, aufopferungsfähigsten, großherzigsten, uneigennützigsten Wesen, die unsere Erde trägt. Daran hat sie übrigens keinerlei

Grandville: Die Grille und die Ameise (Illustration zur Fabel von Jean de La Fontaine)

Verdienst, so wenig wie wir ein Verdienst daran haben, als die intelligentesten Wesen zu gelten, die auf unserem Planeten umherhasten. Wir verdanken diese Überlegenheit lediglich einem überentwickelten Organ, womit uns die Natur ausgestattet hat. Der Ameise geht es nicht anders, auch sie verdankt genauso ihre Vorzüge einem Organ – freilich einem von anderer Ordnung –, womit eine Laune, ein Experiment oder wunderlicher Einfall dieser selben Natur sie ganz allein bedacht hat.

Die Ameise besitzt nämlich am vorderen Teil des Hinterleibs eine merkwürdige Tasche, die man die soziale Tasche oder den sozialen Kropf nennen könnte. Und das gibt die Erklärung für die ganze Psychologie, das ganze Lebensgesetz und die meisten Geschicke der Insekten. Daher muss dieses Organ einer gründlichen Betrachtung unterzogen werden, ehe man weitergeht. Es ist kein Magen, es hat keinerlei Verdauungsdrüsen, und die darin angehäuften Lebensmittel erhalten sich in unverändertem Zustand. Da die Ernährung der Ameise fast ausschließlich flüssig ist, das heißt aus einer Art süßen Taus besteht, und da überdies ihre mächtigen Kiefer schon deshalb, weil sie keine Zähne zum Kauen besitzt, nur dazu dienen können, ihre Beute oder ihren Feind zu durchbohren, zu ergreifen, zu zerschneiden, zu zerstückeln oder zu enthaupten – so ist dieser Sack einzig und allein ein der Allgemeinheit dienender Sammelschlauch. Er ist in sinnreicher Weise und vollständig vom eigentlichen Magen abgetrennt, wohin die im Schlauche enthaltenen Lebensmittel erst nach einigen Tagen gelangen, wenn der allgemeine Hunger gestillt ist. Er ist wunderbar elastisch, nimmt vier Fünftel des Hinterleibs ein, dessen sämtliche andere Organe von ihm verdrängt werden, und ist in einem Grade dehnbar, dass er bei bestimmten amerikanischen Arten, namentlich bei den Myrmecocystus Hortus-Deorum der Vereinigten Staaten, die Form eines Kolbens, eines Wasserkrugs oder besser einer Art bauchiger Flasche annimmt, die acht- bis zehnmal so groß ist wie der eigentliche Bauch. Diese Flaschenameisen haben keine andere Bestimmung, als die lebenden Vorratskammern des Gemeinwesens zu sein. Die so freiwillig Gefangenen – sie kommen nie wieder ans Tageslicht – klammern sich mit ihren Vorderbeinen in dichten Scharen an die Decke des Ameisennestes und leihen ihr das Aussehen eines wohlversorgten Kellers, wo man sich zum Auswürgen reizt und den draußen geernteten Honig wieder von sich gibt.

Verzeihung, aber es lässt sich nicht anders ausdrücken. Ich weiß, das Wort erinnert an Magenverstimmung und die damit verbundenen Widerlichkeiten, während es doch, wie beim Wiederkäuen der Kuh oder des Ochsen, nichts damit zu tun hat. Es ist der technische, bei den Ameisenforschern sehr beliebte Ausdruck, mit dem sie vielleicht einigen Missbrauch treiben müssen; an sich muss er schon hingenommen werden, denn das Auswürgen oder die Entleerung ist der Haupt- und Grundakt, von dem die soziale Existenz, die Tüchtigkeit, das Lebensgesetz und die Staatskunst des Ameisennestes ebenso abhängen wie wir Menschen von unserem Gehirn, das uns von jeder irdischen Kreatur unterscheidet.

II

»La fourmi n'est pas prêteuse, die Ameise leiht nicht gern«, sagt der Fabeldichter. Das ist richtig, sie leiht nicht; denn leihen tut der Geizhals. Sie gibt, ohne zu zählen, und nimmt niemals zurück. Sie besitzt nichts, nicht einmal das, was sich in ihrem eigenen Körper befindet. Sie denkt fast nicht ans Essen. Sie lebt, man weiß nicht wovon, von der Luft, der Zeit, der verstreuten Elektrizität, von Dämpfen oder Ausdünstungen. Man lasse sie auf dem Gips eines künstlichen Ameisennestes fasten.

Sofern dort nur für etwas Feuchtigkeit gesorgt ist, wird sie nicht darunter leiden, sondern ihren kleinen Geschäften genauso hurtig und betriebsam nachgehen, als wären die Vorratskammern gefüllt Ein Tropfen Tau macht ihren eigenen Magen übervoll. Alles was sie rastlos unter Lebensgefahr sammelt und aufhäuft, ist für den Sammelkropf, den unersättlichen Sack der Allgemeinheit, für die Eier, die Larven, Puppen, Gefährten, ja sogar für die Feinde bestimmt. Sie ist nichts als ein Organ der

Wohltätigkeit. Sie ist eine hartnäckige, asketisch keusche, jungfräuliche, neutrale, will sagen, geschlechtslose Arbeiterin und kennt kein anderes Vergnügen, als jedem, der danach verlangt, die ganze Frucht ihrer Mühe darzubieten. Das Auswürgen muss für sie eine nicht minder lustvolle Beschäftigung sein als für uns der Genuss erlesener Speisen und Getränke. Es hat ganz den Anschein, als habe die Natur damit die gleiche Wollust verbunden wie mit der geschlechtlichen Liebe, die der Ameise versagt ist. Die auswürgende Ameise bekommt nach Auguste Forel mit ihren zurückgeworfenen Fühlern ein verzücktes Aussehen und empfindet sichtlich mehr Vergnügen als jene, die sich mit Honig vollsaugt. Übrigens geschieht in den meisten Ameisennestern das Auswürgen sozusagen fortgesetzt und wird nur durch die Arbeit, die Pflege der Nachkommenschaft, durch Ruhe und Krieg unterbrochen.

Es ist sogar noch sehr die Frage, ob eine Ameise auch nur ein Tröpflein in den eigenen Magen gelangen lassen könnte, wäre auch ihre soziale Tasche gleich zum Platzen voll.

Beiläufig weiß man, dass bestimmte Kriegerarten, vor allem die Polyergus Rufescens, von Huber Amazonen genannt, sich nicht ohne die Hilfe von auswürgenden Sklaven ernähren können und inmitten einer Siruplache Hungers sterben müssten. Diese Art immerwährender Berührung von Mund zu Mund ist also die gewöhnliche und fast allgemeine Form der Ernährung.

Um sich davon zu überzeugen, braucht man nur einige Honigtropfen blau zu färben und sie einer unserer kleinen gelben Ameisen anzubieten, deren Körper fast durchsichtig ist. Man wird alsbald sehen, wie ihr Bauch sich rundet und anschwillt und eine himmelblaue Farbe annimmt. Schwer beladen sucht sie ihr Nest wieder auf. Ein halbes Dutzend Kameradinnen, vom Geruch

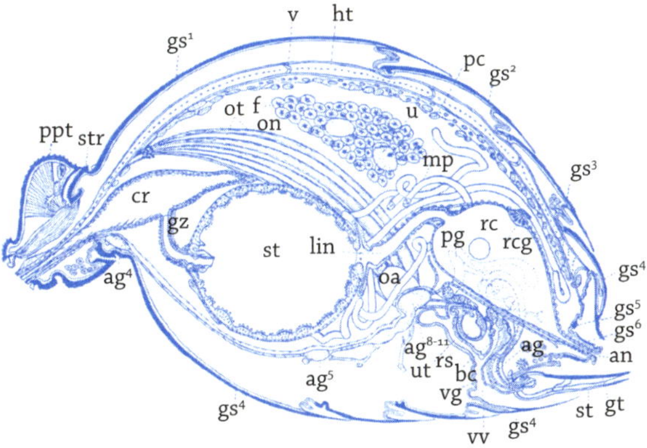

Gaster einer weiblichen *Myrmica rubra* (Sagittalschnitt).
ppt, Postpetiolus; str, Stridulationsorgan; gs*–gs*, 1.–6. Magensegment; ht, Herz; v, Herzklappe; pc, Perikardzellen; u, Uratzelle; f, Fettgewebezelle (Adipozyt); on, Cnozyt; ot, Eierstockgänge; od, Eileiter; ut, Uterus; rs, Receptaculum seminis; bc, Bursa copulatoria; vg, Vagina; vv, Vulva; st, Stachelnadeln; gt, Stachel; pg, Giftdrüse; ag*–ag*, Nebendrüsen; an, Anus; mp, Malpighische Gefäße; rcg, Rektaldrüse; rc, Rektum; lin, Dickdarm; st, Magen; gz, Muskelmagen; cr, Kropf

herbeigelockt, bitten und streicheln sie aufgeregt mit den Fühlern. Sie befriedigt sie augenblicklich, und alle Bäuche in der Runde werden blau. Kaum haben die Zweiten das Festmahl hinter sich, so werden auch sie schon von anderen Gefährtinnen, die aus den Tiefen des Kellers hervorkriechen, angebettelt; und die teilen ihrerseits wiederum den verräterischen Tropfen und so fort, bis er vollkommen aufgezehrt ist. Dann trippelt die erste Wohltäterin, die alles hergegeben hat, was sie besaß, erleichtert davon und ist sichtlich beglückter, als hätte sie soeben drei oder vier üppige Mahlzeiten zu sich genommen.

III

Die Bittende braucht nicht einmal eine Mitbürgerin zu sein; jede Fremde, der nur eine Spur heimatlichen Erdgeruchs anhaftet, jede Angehörige einer nicht allzu offensichtlich oder erbittert feindlichen Rasse, der die Türhüterinnen Einlass in das Nest gewährt haben, ja selbst irgendein schädlicher, aber vom allgemeinen Wohlwollen unerklärlicherweise geduldeter Parasit, sofern er die Spenderin geschickt zu streicheln versteht – sie alle erhalten, was sie nur wollen. Nichts ist leichter zu täuschen, als ihre sorglose Wohltätigkeit. Sogar im heißesten Kampf kann man zuweilen sehen, wie sie den Bitten eines hungrigen Gegners nicht zu widerstehen vermögen; sie gewähren ihm die milde Gabe und verproviantieren ihn in ritterlicher Weise, bevor sie den Kampf wieder aufnehmen.

Mitunter geht ihre Freundwilligkeit zu weit und hat den Niedergang der Siedlung zur Folge. Eine tunesische Ameise zum Beispiel – es handelt sich um die von Dr. Santschi erforschte Wheeleriella – gelangt in das Nest einer anderen Ameisengattung, der Monomorium Salomonis. Zunächst wird sie dort ziemlich kühl aufgenommen, aber bald weiß sie durch geschickte Liebkosungen die Arbeiterinnen derart für sich zu gewinnen, dass sie die listige, unwiderstehliche Abenteuerin ihren eigenen Königinnen vorziehen, ja, dass sie ihre Königinnen verlassen und misshandeln. Nicht lange danach beginnt dann die unrechtmäßige Herrin Eier zu legen. Ihre rein schmarotzerhafte Art, die nie arbeitet, vermehrt sich allein und setzt sich an die Stelle der allzu gastfreien, allzu vertrauensseligen Arbeiterinnen, deren Rasse ausstirbt. Die Folge davon ist Elend, Hungersnot und Tod, dem naturgemäß erst recht die faulen Eroberer zum Opfer fallen. Ich frage mich, ist das etwa ein unerklärlich törichter Vorgang, wie er nur im Reiche der Insekten vorkommt? Gibt es nicht bei uns ähnlich unerklärliche Verirrungen? Liegt hier nicht ein bemerkenswertes und bedeutsames Beispiel dafür vor, dass der grundsätzlich unfehlbare Instinkt bei überzivilisierten Rassen, wie beim Menschen, sich tödlich irrt, weil der Verstand, das Gefühl oder Intrigen mitspielen? Davon wird noch später die Rede sein.

IV

Aber sind diese Auslegungen nicht gar zu eindeutig auf das Menschliche übertragen? Ruft nicht vielleicht das Streicheln mit den Fühlern einen Reflex hervor, der dem vom Willen unabhängigen und unwiderstehlichen erotischen Reflex entspricht? Das wäre immerhin möglich. Allein wollten wir die meisten unserer Handlungen in dieser Weise deuten, so würden wir zu denselben Schlüssen gelangen. Die Scheu vor dem Anthropomorphismus darf nicht zu weit getrieben werden, sonst würde alles zu rein mechanischen und chemischen Vorgängen, und für das eigentliche Leben gäbe es keinen Raum mehr; auch widerlegt das Leben stets merkwürdig unerwartet den bestbegründeten Determinismus. Es kommt vor allen Dingen mehr als einmal vor, dass die angebettelte Ameise entschlossen und unverhüllt die Streichelversuche zurückweist, den Zudringlichen wegstößt und misshandelt. Man erkläre nicht vorschnell, alles hier sei Willkür, Dummheit, mechanistischer Vorgang. Was bliebe dann von den meisten unserer Taten und Tugenden übrig? Mag die Deutung gleichgültig sein, die berichteten Tatsachen stehen jedenfalls fest; sie werden von allen Ameisenforschern, die sich damit beschäftigt haben, bestätigt. Übrigens kann sie jeder selber nachprüfen, denn die Erforschung der Ameisen, die allerorts auf der Erdoberfläche und bis in unsere Häuser hineinwimmeln, ist viel leichter als die der Termiten.

V

Es ist nebenbei interessant, sich zu vergegenwärtigen, dass die drei Insektenarten, deren Zivilisation alle anderen weit hinter sich lässt, ein Kollektiv- oder Sozialorgan besitzen, das, wenn es auch nicht bei allen das gleiche ist, doch Entsprechendes verrichtet. So ernähren die Bienen ihre Puppen und Königinnen durch Auswürgen (in diesem Falle aus dem Magen). Aller Honig des Bienenstocks ist nämlich nur ausgewürgter Kollektivnektar. Bei den Termiten ist das altruistische Organ manchmal der Magen, öfter der Bauch. Besteht irgendeine Beziehung zwischen dem mehr oder minder vollkommenen Altruismus dieses Organs und dem Grade der Zivilisation der drei Arten? Ich weiß es nicht, aber vergliche man sie untereinander, so würde ich an die erste Stelle die Ameisen setzen, dann kämen die Termiten und schließlich trotz dem Zauber ihres lichtvollen Lebens, trotz dem Wunder ihrer Bauten, ihrem Wachs und Honig, als Letzte unsere Hausbiene.

Wir wollen einen Augenblick annehmen, wir besäßen ein annähernd gleiches Organ. Was wäre eine Menschheit, die keine andere Sorge, keinen anderen Lebenszweck mehr wüsste, als die Hingabe des eigenen Selbst und das Glück der anderen, was wäre sie, wenn Arbeit einzig für den Nächsten, immerwährende und vollständige Selbstaufopferung die einzig mögliche Freude, die eigentliche Glückseligkeit, mit einem Wort, höchste Wollust bedeutete, von der wir in den Armen der Liebe ja nur einen flüchtigen Blitz verspüren?

Leider sind wir so beschaffen, dass gerade das Gegenteil der Fall ist. Der Mensch ist das einzige soziale Wesen, das kein soziales Organ besitzt. Ist das der Grund, weshalb er nur ein unsicherer und künstlicher Sozialist oder Kommunist sein kann? Wir können nur bestehen, wenn wir von außen nach innen leben, während es umgekehrt die Ameisen ihrer Natur entsprechend von innen nach außen tun. Der Schwerpunkt ist also verschieden gelagert. Bei uns geschieht alles zwangsläufig, organisch, schicksalhaft egoistisch. Indem wir Gutes tun, überschreiten wir unser Lebensgesetz; weichen wir durch eine kraftvolle Anstrengung oder, wie wir es nennen, durch eine edle Tat von der Norm ab, so treiben wir Verrat an uns selbst. Bei der Ameise liegt es umgekehrt; wenn sie sich opfernd verschwendet und verschenkt, folgt sie ihrer natürlichen Neigung. Sich versagen, bedeutet ihr Selbstüberwindung und Verrat an dem ihr angeborenen Altruismus. Die Pole der Moral liegen genau in entgegengesetzter Richtung.

Auch wir haben ein altruistisches Organ, aber auf einer anderen Ebene. Wir haben es im Geist und bisweilen im Herzen; da es aber nicht physisch ist, bleibt es unwirksam. Werden die geistige und moralische Funktion und Ausdauer es bis dahin bringen, wie die Anhänger der Evolutionstheorie meinen, das materielle Organ zu schaffen? Unmöglich ist es nicht.

In der Natur, und unter Mitwirkung der Jahrhunderte und Jahrtausende, lassen sich Wunderdinge erahnen, auf die man nicht zu hoffen wagt. Jedoch muss zugegeben werden, dass das Wunder heute ferner scheint denn je und es sehr viel hochherzigere Zeitalter gegeben hat als das unsere. Die Religionen waren der Ansatz oder der Entwurf zu einem altruistischen Kollektivorgan, das in einer anderen Welt jene Wonnen versprach, welche die Ameise sich dadurch zu verschaffen sucht, dass sie sich in dieser Welt verschenkt. Wir sind dabei, die Religionen auszurotten, und es bleibt uns nur das egoistische und individuelle Organ des Verstandes. Vielleicht wächst es eines Tages über sich selbst hinaus und sprengt seinen Kreis, aber Gott weiß, wann das geschieht.

Schließlich darf man nicht vergessen, dass sogar bei den Ameisen jene allgemein übliche Wohltätigkeit, jene immerwährende Gemeinsamkeit nicht den Krieg verhindert. Er ist zwar seltener und milder, als man glaubt.

Die Gründung der Gemeinde

I

Die Verwaltung und die Ordnung im Ameisennest sind ausgeglichener und stetiger als im Bienenstock, der jedes Jahr und manchmal öfter dynastischen oder hochzeitlichen Wirren ausgesetzt ist, die seinen Wohlstand und seine Zukunft gefährden. Auch bei den Termiten ist das Hochzeitsfest eine außerordentliche Belastung für die Gemeinde. Die Gatten kommen zu Tausenden um, und mitunter werden den Feinden Tor und Tür der Stadt geöffnet.

In der Welt der Ameisen sind die Hochzeitsflüge, bei denen sich die Männchen mit den Weibchen paaren und sie nun und nie wieder befruchten, nicht so prunkvoll und kostspielig. Dem schlichten Kleide des Insekts entsprechend, erinnern sie an einfache Bauernhochzeiten. Da die Flüge der Kreuzbefruchtung wegen ziemlich häufig in allen Ameisennestern eines Bezirks am selben Tage gefeiert werden, verursachen sie in der Luft und namentlich an den Außenwänden des Baus einen gewissen Aufruhr.

Denn die erregten, überreizten Arbeiterinnen führen die Weibchen aus dem Nest, als wollten sie ihnen Mut zusprechen oder Abschied nehmen, und begleiten sie,

Die geflügelte Königin von *Carebara vidua* trägt ihre winzigen, blinden Arbeiterinnen

soweit sie können, zu der gefahrvollen Aufgabe, von der es keine Rückkehr gibt; für die Ameise nämlich wie für die Termite hat die Liebe das gleiche Antlitz wie der Tod, kein einziges Männchen überlebt sie, und von tausend Jungfrauen, die sich zum Himmel aufschwangen, erfüllt sich höchstens an zwei oder dreien ihr Geschick. Und nur sie lernen jene Leiden kennen, die wir hier beschreiben wollen. Übrigens bewacht eine vorsorgliche und wohlorganisierte Polizei die Eingänge und die Umgebung des Nestes, um zu verhüten, dass alle Weibchen den tödlichen Flug antreten. Die Gemeinde darf nicht ihrer jungen Mütter beraubt und um ihre Zukunft gebracht werden. Mit Gewalt halten die Wächter die Weibchen fest, die sie auf der Kuppel des Baus finden, umklammern ihre Beine, reißen ihnen die Flügel aus und führen sie in die Kellergewölbe zurück, wo sie bis an das Ende ihrer Tage gefangen bleiben. Welches Los sie dazu erkoren hat, weiß man nicht. Wer zählt sie und bringt ihre Zahl in Einklang mit der Bedeutung und den Bedürfnissen der Republik?

II

Niemand könnte diese bescheidenen Hochzeitsszenen besser beschreiben als Réaumur. Er schildert sie zuerst. Es folge hier das Bild, das er von seiner Entdeckung gibt, die übrigens keinerlei Widerhall gefunden hat, da das Manuskript erst kürzlich in Amerika veröffentlicht worden ist:

»Im Jahre 1731 reiste ich anfangs September an der Loire entlang nach Poitou und stieg gegen Abend, als die Glut des Tages eben einer angenehmen Kühle zu weichen begann, zu einem Spaziergang unweit Tours aus meiner Kutsche. Die Schönheit der Gegend war eigentlich schuld daran. In einer Stunde mochte wohl die Sonne untergehen. Auf meinem Wege stieß ich auf eine Menge kleiner Hügelchen aus Sand und Erdkörnchen. Sie erhoben sich über Löchern, durch welche die Ameisen ihre unterirdischen Wohnstätten aufsuchten. Einige Tierchen hielten sich gerade draußen auf, sie waren rot oder besser rötlich und von mittlerer Größe.

Ich blieb stehen, um mir diese Erdhaufen anzusehen und bemerkte dabei auf jedem einzelnen zwischen flügellosen auch beflügelte Ameisen außerordentlich verschiedenen Umfangs: Die einen hatten einen dicken Körper, der an Größe dem der flügellosen Ameisen entsprach. Nach dem ersten Blick zu urteilen, mussten die anderen zwei- bis dreimal so schwer sein. Auf dem schönen Uferdamm, wo ich vergnüglich umherging, erschienen in der Luft und in geringen Abständen kleine Wölkchen dicker Insekten, die sich im Kreise drehten, sehr rasch flogen und die man für Mücken oder schmetterlingsartige Fliegen halten musste. Oft schwebte so ein Wölkchen in einer Höhe, dass man mit der Hand danach greifen konnte. Ich war nicht faul und fing nacheinander etliche dieser Fliegen. Sie alle konnte ich unschwer erkennen; es waren beflügelte Ameisen, wie ich sie ähnlich bei jedem Schritt auf den kleinen Erdhaufen gefunden hatte. Aber ich bemerkte ohne Schwierigkeit etwas sehr Wichtiges: Ich fasste sie nämlich beinahe immer paarweise. Nicht nur, dass ich eine einzelne große und kleine Ameise gefunden hätte, nein, sie waren meistens miteinander verbunden und ich hielt sie lange in der Hand, ohne dass sie sich trennten. Die kleine saß auf der dicken, wie bei der Paarung der gewöhnlichen Fliegen das Männchen auf dem Weibchen sitzt. Das Hinterteil der kleinen Ameise war umgebogen, um sich dem des weiblichen Tierchens anzuschmiegen; und es klebte da so fest, dass man Kraft anwenden musste, wollte man es losreißen. Der Körper dieses kleinen Männchens war kaum halb so groß wie der des Weibchens. Er konnte also auch nur deren hinteren Teil bedecken. Ich drückte auf den Leib etlicher dieser dicken Ameisen und presste Eiertrauben heraus.«

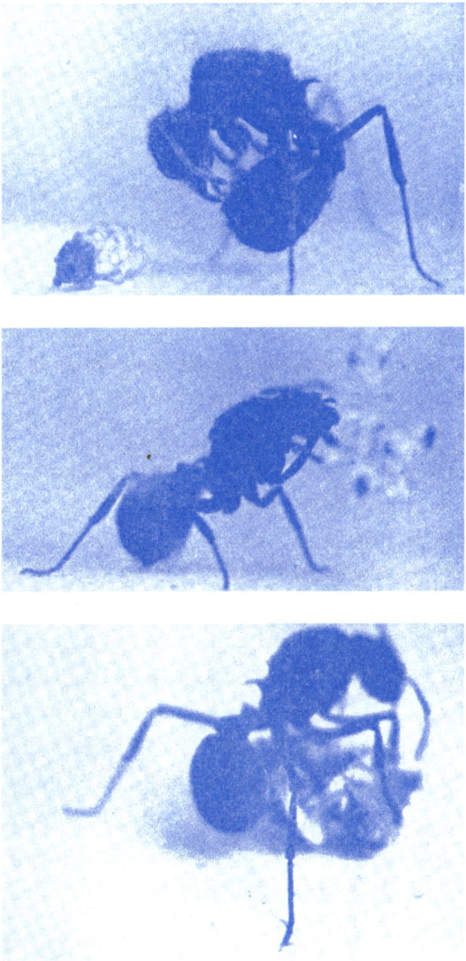

A

B

C

Königin von *Mollerius heyeri*. A, fotografiert beim Eierlegen. Der entstehende Pilzgarten, in den das Ei gelegt wird, ist links auf dem Boden der Nestkammer zu sehen. B, Königin beim Ablegen eines Eies im Pilzgarten. C, Königin beim Ablegen eines Tropfens Kot im Pilzgarten (5-fache Vergrößerung)

III

Jedes Weibchen hat fünf oder sechs Gatten, die es zuweilen auf seinem Fluge mitschleppt. Sie warten ab, bis sie an die Reihe kommen, dann stürzen sie zu Boden und sterben einige Stunden später. Die befruchtete Gattin steigt nieder, sucht sich eine Unterkunft im Gras, hakt ihre vier Flügel los, die zu ihren Füßen herabgleiten wie das Brautkleid am Ende des Festes, bürstet ihr Brustschild und beginnt sich einzugraben, um sich in einer unterirdischen Kammer zu verschließen. Dort versucht sie dann eine neue Kolonie zu gründen.

Diese Gründung nun zerschlägt sich sehr häufig und ist eine der tragischsten und heldenhaftesten Episoden des Insektenlebens.

Sie, die womöglich die Mutter eines zahllosen Volkes wird, wühlt sich also in die Erde ein und baut sich ein enges Gefängnis. Sie besitzt außer den Lebensmitteln in ihrer Bauchtasche nichts, das heißt, sie verfügt über einen kleinen Vorrat Honigtau, ihr Fleisch und ihre Muskeln (vor allem die mächtigen Muskeln ihrer geopferten Flügel), die sie vollständig aufzehrt. Nichts dringt in ihr Grab, bis auf etwas Feuchtigkeit, die vom Regen und vermuteten, aber noch nicht erwiesenen Ausdünstungen herrührt. Geduldig wartet sie, dass das geheimnisvolle Werk sich erfülle. Endlich treten einige Eier aus. Und dann schlüpft aus dem einen eine Larve, die ihren Kokon webt; neue Eier werden gelegt und zwei oder drei weitere Larven kriechen daraus hervor. Wer ernährt sie? Es kann nur die Mutter sein, da die Brutzelle vollständig abgedichtet ist und außer Feuchtigkeit nichts durchlässt. Fünf, sechs Monate mögen vergangen sein, seit die Ameise sich eingegraben hat: Jetzt ist sie am Ende und bloß noch ein Gerippe. Aber nun beginnt die furchtbare Tragödie. Durch die Ermattung unmittelbar von einem Tode bedroht, der sofort auch die ganze Nachkommenschaft treffen würde, entschließt sich das Tier, ein bis zwei seiner eigenen Eier zu verzehren. Das gibt ihm die Kraft, dafür drei bis vier andere zu legen. Oder aber es findet sich schließlich bereit, eine Larve aufzufressen. Diese Zufuhr ermöglicht es ihm dann dank irgendwelcher uns unbekannter ätherischer Stoffe, zwei, auch drei weitere Larven großzuziehen und zu ernähren. Und so, zwischen Kindstötung, und Gebären, zwischen Gebären und Kindstötung spielt sich das finstere Drama in annähernd einem Jahre ab. Mit anderen Worten; bei drei Schritten vorwärts zwei Schritte zurück, freilich mit einem regelmäßigen Sieg über den Tod. Erst wenn sich zwei oder drei schwächliche, von klein auf schlecht ernährte Arbeiterinnen entpuppt und die friedevolle oder vielmehr schmerzensreiche Grabkammer durchstoßen haben, nach draußen gelangt sind und ihrer Mutter die ersten Lebensmittel holen – erst dann ändert sich das Bild. Von dem Augenblick an hört die alte Ameise auf zu arbeiten, kümmert sich um nichts anderes mehr, sondern besorgt bis an ihr Ende tagaus, tagein nur noch das Geschäft des Eierlegens. Die heroischen Zeiten sind vorüber, die lange Hungersnot vorbei, Fülle und Wohlstand herrschen, das Gefängnis weitet sich und verwandelt sich in eine Stadt, die unter der Erde von Jahr zu Jahr an Ausdehnung gewinnt; die Natur aber, die hier an dieser Stelle eines ihrer grausamsten, unerklärlichsten Spiele abgebrochen hat, spielt es anderswo genauso weiter und lässt uns über den Zweck und Sinn ihres Tuns im Ungewissen.

In diesem Entwicklungsprozess lässt sich eine recht interessante Beobachtung über Erblichkeit und angeborene

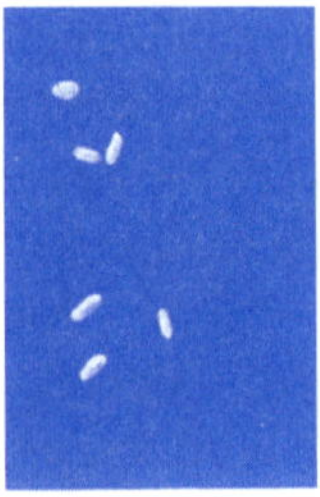

Eier von
Ponera Coarctata

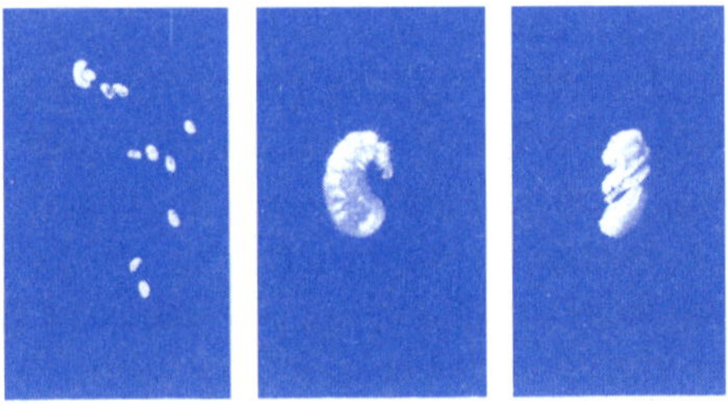

Eier und kleine Larven, ausgewachsene Larven und Puppen von *Myrmecina graminicola*

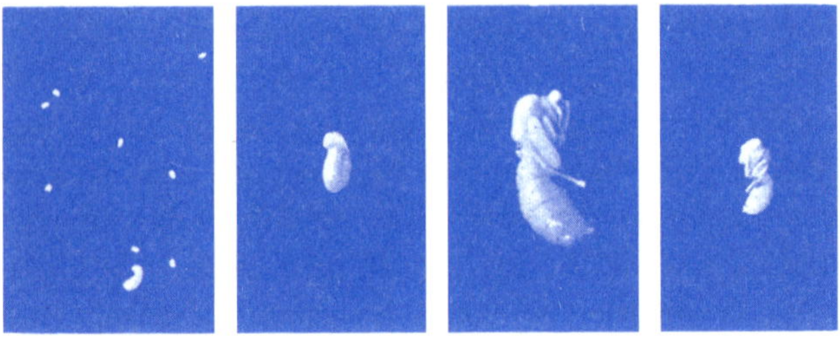

Eier und kleine Larven, Larven sowie männliche Puppen und Arbeiterinnen-Puppen von *Solenopsis fagax*

Eier, Larven und Puppen von *Myrmica ruginodis*

Begriffe machen. Es handelt sich hier um ein Weibchen, das vor dem Hochzeitsflug niemals ausgeflogen war, niemals an den Arbeiten des Ameisennestes teilgenommen hatte. Von heute auf morgen sitzt es in seinem abgedichteten Grab.

Keine spezielle Anleitung war nötig, es kennt jedes Handwerk von Hause aus. Es unterhöhlt den Boden, richtet dort Zellen ein, pflegt seine Eier, nährt seine Larven und öffnet den Puppen die Schalen, kurz, obgleich es mit unvollkommeneren Werkzeugen als seine Arbeiterinnen ausgestattet ist, vermag es deren Aufgaben zu tun. Ist das nicht wiederum ein Zeichen für den Willen der überall wirksamen Kollektivseele im Ameisenstaat? Jedes der ihr zugehörigen Einzelgeschöpfe soll selbst dann, wenn es außerhalb des heimatlichen Baus lebt, sie ganz in sich tragen und das Leben der Gemeinschaft derart über Zeit und Raum hinaus fortsetzen, als wäre es das Leben eines einzigen Wesens, das alles weiß und erst mit dem Untergang der Erde selber sterben wird.

IV

Wir waren soeben Zeuge von der ehrbaren und normalen Geburt einer Kolonie. Wie gewöhnlich ist Pierre Huber wieder der Erste gewesen, der darüber Forschungen angestellt und diese bekannt gegeben hat. Seine Beobachtungen sind von Lubbock, Mc. Cook und Blechmann (rote Ameisen und tropische Camponotus), Jannet (Lasius), Pierron (die Messor), Forel (C. Ligniperdus), Simpel (Lasiusflavus) u.a. vervollständigt worden. Jeder kann diese Versuche wiederholen und nachprüfen. Man braucht nur an einem Sommerabend, wenn die Ameisen sogar in unseren Wohnräumen herumwimmeln, ein Dutzend Weibchen aufzulesen – man erkennt sie leicht, weil sie sehr viel dicker sind als die Männchen – und in eine mit hinreichend feuchter Erde gefüllte Schachtel zu sperren. Ich mache darauf aufmerksam, dass die Verluste bei dem Experiment ziemlich beträchtlich sind, zunächst weil die Weibchen häufig noch jungfräulich sind, und dann, weil Geduld und Sorgfalt dazu gehören.

Es versteht sich von selber, dass bei der erstaunlichen körperlichen und seelischen Mannigfaltigkeit unserer kleinen Helden, bei ihrer außerordentlichen Fähigkeit, sich den ungewöhnlichsten Umständen anzupassen, eine Stadt auf sehr verschiedene Weise gegründet werden kann. Die Raptiformica und ihre Sippe zum Beispiel fangen es so an, dass sie einfach einen Stamm der Serviformica Fusca aus ihren Wohnungen vertreiben. In anderen Fällen legen zwei oder drei fremde Ameisenrassen ihre Hilfsmittel zusammen und vereinigen sich; schließlich und endlich kommt die Adoption vor, das freiwillige oder erzwungene Bündnis, das schamlos offene oder heimliche Parasitentum. So wendet der Harpagonexus Sublevis ein recht sinnreiches Schmarotzersystem an. Seine Weibchen brechen, geschützt durch ihren unzerstörbaren, schweren Chitinpanzer, in das Nest einer friedfertigen Art ein, vertreiben sie und lassen nur die Larven und Puppen übrig. Daraus werden dann die Pflegerinnen ihrer eigenen, noch ungeborenen Jungen.

Ein befruchtetes Weibchen der Carebara Vidua, eines berüchtigten südafrikanischen Räuberstammes, hat das beängstigend schwierige Problem fein gelöst. Weit davon entfernt, seinen Arbeiterinnen zu gleichen, ist es *drei- bis viertausendmal so dick.* Mit den herrlichen Flügeln gleicht es der Nike von Samothrake, wie man sie im Louvre neben zierlichen Elfenbeinstatuetten sieht. Es ist unfasslich, dass aus annähernd gleichen Eiern so unähnliche Phänomene hervorgehen. Anders als bei den Bienen, beruht hier das Geheimnis der Vielgestaltigkeit prinzipiell offenbar nicht in erster Linie auf der Art der Ernährung.

Nun, wie dem auch sei, die Riesenkönigin kann jedenfalls unmöglich ihre Liliputjungen großziehen, so wenig wie ein Strauß ein Nest voller Kolibris. Deshalb schleppt sie bei dem Hochzeitsflug an ihren behaarten Beinen ein Dutzend blinder Arbeiterinnen mit, die hernach die häuslichen Verrichtungen und die Sorge für die Eier, Larven und Puppen übernehmen. Wer bezeichnet sie? Wer befiehlt ihnen, das tragische Abenteuer zu wagen? Wieder einmal befinden wir uns in jenen schauerlichen Bereichen, dahin uns zuweilen die wüstesten Angstträume versetzen. Aber bleibt nicht, wenn wir so phantastische Anomalien, so verwirrende Irrtümer und Sinnlosigkeiten der Natur feststellen, die Art, wie die eigentlichen Opfer das alles wieder auszugleichen suchen, ewig bewunderungswürdig?

V

Da von Eiern, Larven und Puppen die Rede war, wollen wir hier kurz darauf eingehen. Wenn wir an einem schönen Sommertag ein Ameisennest abdecken, werden unter dem Sand oder den Fichtennadeln eine Menge Weizen-, Roggen- oder Reiskörner sichtbar, die wir gewöhnlich für Eier halten. Das ist aber grundfalsch. Denn das höchst winzige Ameisenei entgeht fast immer unseren Blicken. Was wir da an wirrem Durcheinander, auf dem es von erschreckten Ameisen wimmelt, vor uns haben, sind bereits ausgeschlüpfte Larven. Betrachtet man sie durch das Mikroskop, bekommen sie phantastischerweise ein beinahe menschliches Aussehen. Sie erinnern an sorgfältig gewickelte und bemützte ägyptische Mumien mit hängenden Zitzen und Goldmasken im Sykomorensarg, an greisenhaft verdrießliche oder fratzenhafte Kindergesichter, als habe die Natur geschwankt zwischen Homunkulus und Insekt. Bald sind sie nackt in sich zusammengekauert, bald in einen Kokon gehüllt, in dessen Schutz sie sich verpuppen. Und auch die Puppe bleibt nackt oder webt sich einen Kokon, dem dann allein oder mit Hilfe der Arbeiterinnen das fertige Insekt entschlüpft. Je nachdem es, als es noch Ei oder im Larvenzustand war, von jener uns noch unerklärlichen Macht bestimmt wurde, wird es nun ein Männchen, Weibchen oder geschlechtsloses Tier sein. Das Schicksal dieser drei Arten gestaltet sich völlig verschieden. Schon die Lebensdauer ist eine andere. Die Männchen kommen alle nach dem Hochzeitsflug um. Die den zahllosen Gefahren der Außenwelt preisgegebenen und von der Arbeit erschöpften Arbeiterinnen leben kaum fünf oder sechs Jahre, während, wie man in den künstlichen Ameisennestern feststellte – wo allein ernsthafte und fortlaufende Beobachtungen möglich sind –, ein befruchtetes Weibchen fünfzehn Jahre und älter wurde. Wie gesagt: Das Problem der Vorbestimmung ist bei der Ameise noch nicht endgültig geklärt. Bei der Biene hängt sie von der Zelle und Ernährung, bei den Termiten einzig von der Ernährung ab.

Wer lenkt diese Vorbestimmung, wer sieht voraus und schätzt ab, wie viel Arbeiterinnen, befruchtete Weibchen und Männchen zum Gedeihen der Kolonie nötig sind? Wer berechnet das Verhältnis, setzt die Zahlen fest und bringt sie in Einklang? Darüber wissen wir noch nichts und werden vielleicht niemals etwas wissen. Wer führt am Firmament die Gestirne herauf, lenkt und erhält sie in schwebendem Gleichmaß? Dieselbe Frage, dasselbe Geheimnis im Unendlich-Großen wie im Unendlich-Kleinen.

Zu beantworten bleibt ein Letztes: Wie ergänzen sich die befruchteten Weibchen in den mächtigen Staaten, die zuweilen eine Lebensdauer von einem halben Jahrhundert haben und zwei oder drei Millionen Einwohner stark sind? Diese »polycalischen« Kolonien oder Kolonien mit Bundesnestern brauchen eine bestimmte Anzahl Eierlegerinnen, um ihre Bevölkerung zu erhalten. Jede Gattung löst die Schwierigkeit auf ihre Art. Manchmal kehrt das Weibchen nach dem Hochzeitsflug in das heimatliche Nest zurück, statt eine eigene Gemeinde zu gründen. Es wird, je nach den Bedürfnissen und Berechnungen des Kollektivinstinkts, mehr oder minder freundlich willkommen geheißen. Oft lesen die Arbeiterinnen, falls es ihnen für die Zukunft ihrer Kolonie wichtig scheint, vor den Toren des Baues die befruchteten Weibchen zusammen, berauben sie ihrer Flügel und zwingen sie ins Haus zurück. Bisweilen suchen sie sich bei fremden Stammesverwandten oder assimilierbaren Völkern, was sie brauchen, ja, sie nehmen sogar ein sich ihnen zufällig erbietendes wanderndes Tier auf. Zu guter Letzt kommt im Neste selber, und zwar ziemlich häufig, die Geschwisterehe oder, mit den Entomologen zu reden, die Adelphogamie vor. Nötigenfalls verstehen es also unsere anspruchslosen kleinen Helden viel leichter als wir, ihre Grundgesetze zu wandeln oder zu umgehen, sich allen Umständen anzupassen und daraus Nutzen zu ziehen.

Die Nester

I

Die Behausung der Ameisen hat weder die ambraduftende Pracht des Bienenpalastes noch die furchtbaren Ausmaße und die granitene Härte der Termitenburg. Wollte man die Architekturen miteinander vergleichen und sich darüber klar werden, was in diesen merkwürdigen Wohnungen vorgeht, müsste man sie auf menschliche Maßstäbe bringen. Man würde dann erkennen, dass sich im Bienenstock eine beängstigend überladene, prunkhaft ornamentale Geometrie des Raumes eher mondhaften als irdischen Charakters offenbart. Das gleichsam sechshundert Meter hohe, wie ein Schwamm poröse Steingebirge des Termitenbaus hingegen würde uns den unerhörten Sieg des Eisenbetons und Wolkenkratzerstils beweisen. Und im Ameisennest schließlich, mit seinen verwirrenden, sich ins Endlose dehnenden und zu unterirdischen Städten erweiternden Kreuz- und Quergängen, hätten wir den horizontalen Stil vor Augen. Keiner von uns, gesetzt, es entspräche unseren Größenmaßen, entkäme diesem phantastischen Labyrinth je wieder.

Die Architektur der Ameisen ist so mannigfaltig wie ihre Körper und ihre Lebensgewohnheiten. Ja, man könnte sogar sagen, dass es ebenso viele Nestarten wie

Nest der *Formica rufa*

Ameisenarten gibt. Doch lassen sich alle auf vier oder fünf Haupttypen zurückführen.

Mit wenigen Ausnahmen ist ihre endlos verzweigte Behausung unterirdisch und unmittelbar in den Sand oder die lehmige Erde eingebaut. Manchmal umfasst sie bis zu zwanzig Stockwerken über wie unter der Erde. Dabei hat jedes Stockwerk seine besondere Bestimmung, die vor allem von der Temperatur abhängt. Die wärmsten Teile dienen zur Aufzucht der Brut. Aber ich halte es für unnötig, bei diesen aller Welt bekannten Einzelheiten zu verweilen; denn wohl jeder von uns hat einmal ein Ameisennest geöffnet oder zerstört. Der Eingang liegt bald sorgfältig versteckt, bald offen oder gar betont frei. Er hat Kraterform und ist von einer Kuppel überwölbt, die gewöhnlich den wichtigsten Teil des Ameisennestes bildet, wie bei den Hügeln aus Fichtennadeln oder anderen Pflanzenteilchen namentlich unserer roten Ameisen, unserer Pratensis und Sanguinen. Manche Brutkuppeln der in unseren Kiefernwäldern recht häufigen Formica Rufa entsprechen unseren künstlichen Brutkästen. Sie erreichen eine Höhe von zwei Metern und werden unten neun bis zehn Meter breit. Bemerkt sei, dass die Temperatur in diesen Kuppeln immer zehn Grad höher ist als die der umgebenden Luft.

Die Verteilung der Laufgänge, Magazine, Speicher, Gemeinschaftssäle, Brutkammern, zu denen bei bestimmten Arten noch Ställe, Pilz- und Vorratskammern hinzukommen, ist sehr verschieden und folgt selbst bei zwei benachbarten Kolonien gleicher Rasse und Bedeutung nur annähernd einem allgemeinen, sich je nach den Umständen unablässig ändernden Plan. So sind in einem Nest der Lasius alle Eier sorgfältig in der Spitze aufgestapelt, in einer zweiten Kammer befinden sich die nach Größe geordneten Larven und ganz unten, in einem dritten Raume, die Puppen; aber in einem anderen Nest der gleichen Lasius scheint alles ein wirres Durcheinander und wie zufällig aufgehäuft. Daraus erhellt wieder, dass der Kollektivinstinkt im Ameisennest wie der Kollektivinstinkt der Zellen unseres Körpers – er entscheidet bei uns über Gesundheit oder Krankheit – in bestimmten Einzelheiten fast genauso wandlungsfähig ist wie der individuelle Verstand, dem er sich zuweilen in erstaunlichem Maße nähert.

Interessant ist übrigens, dass diese selben Lasius, die wir alle kennen, in unseren Breiten die Kuppeln, in denen ihre Eier reifen und ihre Puppen sich entwickeln, zu möglichst ergiebigen Wärmespeichern einrichten, sie hingegen in den Ländern heißer Zonen überhaupt aufgeben, weil sie dort überflüssig sind.

II

Die Nester unter der Erdoberfläche sind gemeiniglich dreißig bis vierzig Zentimeter tief, manchmal aber, zumal bei den Ernteameisen, reichen sie bis zu anderthalb Metern hinunter. Dort unten liegen Speicher, während sich oben eine Gruppe von sieben oder acht miteinander verbundener Krater erhebt, sodass eine einzige Kolonie rund fünfzig bis hundert Quadratmeter einnimmt. Von diesen Ernteameisen, ferner von den Pilz-, den Rasenameisen und Spinnerinnen soll später noch gesprochen werden.

Was die rein polykalischen oder Bundeskolonien anlangt, wie die der Formica Exsecta, welche Forel im Jura antraf, so zählen sie mitunter zweihundert Nester. Die Bevölkerungsziffer schwankt im Einzelnen zwischen fünf- und fünfhunderttausend. Insgesamt bedecken sie eine kreisförmige Fläche mit einem Radius von zweihundert Metern. Reverend Mc. Cook, ein sehr ernsthafter und gewissenhafter Beobachter, erzählt von einer riesigen Stadt der Formica Exsectoides in Pennsylvanien. Sie umspannte etwa zwanzig Hektar, eintausendsechshundert Nester gehörten dazu, darunter etliche von beinahe einem Meter Höhe und vier Metern Breite. Im Vergleich zur Größe des Insekts, rechnet Mc. Cook aus, ist der Umfang dieses Nestes vierundachtzigmal so groß wie die Cheopspyramide. Mit anderen Worten: Neben derart mächtigen Siedlungen, übertrüge man sie auf menschliche Verhältnisse, wären London und New York bloße Dörfer. Übrigens ist ihre Organisation noch nicht eindeutig erforscht.

Nest der *Formica exsecta*

III

In diesen lichtlosen Wohnungen – die Ameise liebt, wie die Biene und Termite, die Dunkelheit – spielt sich das ganze Leben der Königinnen und ein großer Teil des Arbeiterinnendaseins ab. Die Tage und die Nächte sind den »eintönigen und leichten« Arbeiten des Haushalts gewidmet, jedenfalls zum mindesten im Sommer wird nicht gefeiert. Die Tiere beschäftigen sich mit dem Reinemachen und der Zubereitung der Lebensmittel; denn das Gemüse und Korn, die Früchte und das eingebrachte Wild müssen in flüssige, gehackte, breiige oder suppige

Nahrung verwandelt werden. Dazu kommen das fortwährende Auswürgen, das gegenseitige unerschöpfliche Wonnen gewährt, die Unterhaltung der öffentlichen Wege innerhalb und außerhalb des Nestes, der sehr aufreibende Dienst bei den Müttern, die begleitet, geführt, bewacht, gemästet, gewaschen, gebürstet, gestreichelt werden müssen; die umständliche Pflege der Eier ist nötig. Ununterbrochen eifrig werden sie beleckt und dadurch ernährt (Endosmose). Die Larven und Puppen müssen je nach der Tageszeit hin und her gewendet, fortwährend umgelegt oder an günstigere Plätze gebracht werden. Es kommt weiter hinzu die eigene und die gegenseitige Toilette, denn die Ameise ist von geradezu krankhafter Sauberkeit. Sie kämmt, reibt, glättet und putzt sich mit Hilfe ihrer Gefährtinnen zwanzigmal am Tage. Und schließlich gibt es noch die Spiele, freundschaftliche Ringkämpfe, kleine sportliche und gutartige Balgereien, wie sie Huber beschreibt. Seine Beobachtungen, die man zunächst für Phantastereien hielt, sind inzwischen von Forel, Stümper und Stäger bestätigt worden.

Ich kann dem Vergnügen nicht widerstehen, hier die Sätze, die er diesem Gegenstand widmet, wiederzugeben. Denn ich möchte gern, dass der Leser wieder einmal den verehrungswürdigen Vater der Ameisenkunde selbst in seiner behaglich ruhigen Breite vernimmt:

»Eines schönen Tages näherte ich mich den Ameisennestern, die in der Sonne lagen und an der Nordseite geschützt waren. Die Ameisen waren heute besonders zahlreich da und erfreuten sich anscheinend der Temperatur, die sie an der Oberfläche des Nestes fanden. Keine einzige arbeitete. Diese Ansammlung von Insekten sah wie eine brodelnde Flüssigkeit aus, an die sich das Auge erst gar nicht gewöhnen konnte. Aber als ich

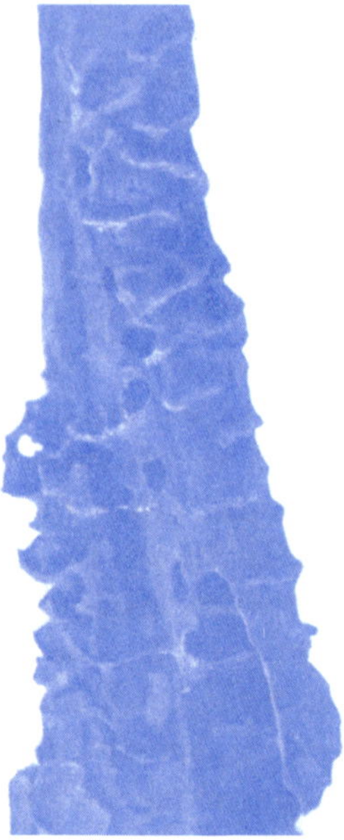

Bruchstück aus einem Kartonnest von *Lasius fuliginosis*

mich bemühte, jede Ameise einzeln zu verfolgen, sah ich, wie sie sich einander näherten und dabei ihre Fühler mit erstaunlicher Behendigkeit spielen ließen. Ihre Vorderbeine streichelten die seitlichen Kopfteile der anderen Ameisen zärtlich: Nach diesen ersten, gleichsam liebkosenden Gebärden, sah man sie sich zu zweit auf den Hinterbeinen hochrichten, miteinander kämpfen, sich an Kiefer, Bein, Fühler packen und sogleich wieder loslassen, um sich abermals anzugreifen; sie klammerten sich gegenseitig an ihren Brustschild oder ihren Hinterleib, umfassten sich, warfen sich um, standen wieder auf und siegten abwechselnd. Anscheinend taten sie sich nicht weh. Sie verspritzten kein Gift, wie sie es bei ihren wirklichen Kämpfen tun, und hielten ihren Gegner nicht mit der Hartnäckigkeit fest, die wir bei ihren ernsthaften Streitigkeiten beobachtet haben. Hatten sie ihre Spielgefährten gepackt, ließen sie sie alsbald wieder los und versuchten andere zu erhaschen. Ich habe Ameisen gesehen, die so eifrig bei diesen Übungen waren, dass sie nacheinander mehrere Kameraden verfolgten und sekundenlang mit ihnen kämpften, bis es den weniger hitzigen gelang, ihren

Gegner zu werfen, zu entkommen und sich in irgendeinem Gang zu verstecken. Ich kehrte oft zu dem Ameisennest zurück und fast immer bot sich mir das gleiche Schauspiel. Manchmal war das Spiel allgemein: Überall bildeten sich Gruppen kämpfender Ameisen. Aber ich habe keine gesehen, die verwundet oder verstümmelt aus diesen Kämpfen hervorgegangen wäre.«

IV

Und schließlich, so unwahrscheinlich es auch klingen mag, gibt es Ruhepausen. Wir glauben allerdings, dass die Ameise in ihrem Tätigkeitsdrang, der uns wie aberwitzig vorkommt, Tag und Nacht auf den Beinen sei und – vergleichbar dem Funken Feuer in einem Haufen Stroh – von keiner Müdigkeit wisse. Doch unterliegt auch sie dem großen Gesetz unserer Erde. Manchmal muss sie sich auf sich selbst besinnen, neue Kräfte sammeln und das Leben vergessen. Kehrt sie mit einer Last, drei- bis viermal so schwer wie sie selber, nach langer abenteuerlicher Fahrt in ihre Behausung zurück, dann schmeicheln ihr die Torhüter und fordern zunächst den Auswürgeakt, mit dem jedes wichtige Ereignis in ihrer Welt anfängt und aufhört. Danach wischen sie ihr den Staub ab, der sie bedeckt, bürsten sie, streicheln sie und führen sie zu einer Art Schlafsaal, der für erschöpfte Reisende bestimmt ist, fernab vom Tumult der Menge. Dort fällt das Tier bald in einen so tiefen Schlaf, dass selbst ein Angriff auf das Ameisennest, der sogar die Krüppel in Aufregung versetzt, sie nur halb weckt, sodass sie, statt zu kämpfen, nur an Flucht denkt.

V

Nach den Erdbewohnerinnen wenden wir uns rasch den Baumameisen zu. Ein Teil von ihnen lebt im Innern der Bäume, deren Stämme sie wie die Termiten anbohren und aushöhlen, wobei sie darauf bedacht sind, die Rinde zu schonen. Wie die Höhlenbewohner direkt in den Tuffstein bauen, schneiden sie ihre Wohnungen unmittelbar aus dem Holz heraus und setzen viele Stockwerke übereinander, »deren Decken«, sagt Huber, »so dünn sind wie eine Spielkarte und bald von vertikalen Zwischenwänden gestützt werden, die dann eine Unzahl kleiner Kammern bilden, bald auf einer Menge kleiner und zierlicher Pfeiler ruhen, zwischen denen man fast durch die ganze Tiefe eines Stockwerks hindurchschauen kann. Das Ganze besteht aus rauchgeschwärztem Holz.«

Legt man eines dieser Nester frei, so hat man den Eindruck, irgendein kompliziertes, barockes, feingeschnitztes, berückendes Kleinod in Händen zu halten.

Dieser Lasius Fuliginosus, so genannt, weil er das von ihm bearbeitete Holz anräuchert, bildet zuweilen ungeheure Bundeskolonien, deren zahllose Bevölkerung acht oder zehn Baumstämme besetzt und anscheinend denselben Gesetzen, denselben Zentralimpulsen gehorcht.

Andere, in den Tropen hausende Ameisen befestigen ihre oft riesenhaften Nester an den Verzweigungen großer Äste, wo sie, wie umfangreiche Auswüchse, annähernd die Farbe der Rinde annehmen. Sie bestehen aus einer Art Karton, ähnlich wie ihn unsere Kartonwespe verfertigt.

Erwähnt seien noch die Nester, die entweder in natürlichen, den Bedürfnissen des Insekts angepassten Höhlen oder in den hohlen Stängeln bestimmter Pflanzen untergebracht sind, wo manchmal, wie im Märchen, kleine Kolonien Obdach und Verpflegung finden; nicht vergessen seien die Ameisen mit Wandernestern, die sozusagen in Zelten leben und sich auf ihren ewigen Beutezügen mit irgendeiner provisorischen Behausung begnügen, wo sie während der Nacht ihre Larven und Puppen unterbringen. Schließlich wollen wir noch an die gewebten Nester der Weberameisen erinnern, jener Gattung, die in der Ameisenwelt und darüber hinaus in der gesamten Tierwelt die höchste Stufe der Intelligenz einnimmt. Aber davon soll in dem ihnen gewidmeten Kapitel ausführlicher die Rede sein; denn sie verdienen mehr als nur eine flüchtige Erwähnung.

VI

Wie sich von selbst versteht, ist es fast unmöglich, in diesen lichtscheuen und eifersüchtig verschlossenen Nestern fruchtbare Beobachtungen anzustellen; deshalb haben die Ameisenforscher, wie übrigens vor ihnen die Bienenforscher, verschiedene Apparate erfunden, die es ihnen ermöglichen, das Familienleben der Ameisen in jedem Augenblick zu kontrollieren, ohne es wesentlich zu stören. Swammerdam beschreibt in seiner 1737 veröffentlichten *Biblia Naturae* das erste künstliche Nest, das erwähnt wird. Er setzte die gefangenen Ameisen ganz einfach auf eine Schüssel voll lockerer Erde und umgab sie mit einer wassergefüllten wächsernen Rinne.

Huber, der Réaumurs »poudriers« nicht kennen konnte, erdachte fünfzig Jahre später einen kleinen Tisch,

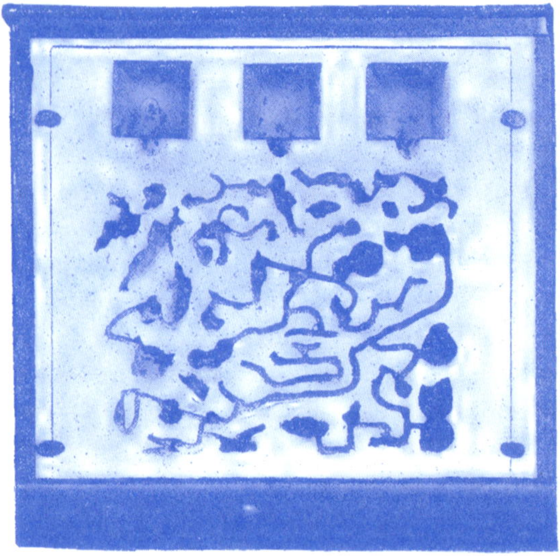

Vertikalnest nach Janet

dessen Platte der Länge nach mit einem Schlitz versehen war, brachte darunter einen durch Holzläden verschlossenen Glaskasten an – denn die Ameisen arbeiten wie die Bienen nur im Dunkeln – und setzte das Ganze unter eine Glasglocke, damit die Insekten ihre oberen Stockwerke aufzuführen in der Lage wären.

Seither hat man Fortschritte gemacht, Forel, Lubbock, Wasmann, Miss Adele Field, Charles Janet, Wheeler, Santschi, Brun, Meldak, Kutter vervollkommneten die früheren Anlagen und passten sie jeweils der Ameisengattung, mit der sie sich gerade beschäftigten, an. Wir alle haben auf Ausstellungen die recht zweckmäßigen, aber in erster Linie für kleine Rassen geeigneten Gipsnester von Charles Janet gesehen.

Diese Gipsnester bilden möglichst getreu die Anordnungen und Windungen eines natürlichen Ameisennestes nach und ermöglichen es, besonders den organisatorischen und häuslichen Sinn zu beobachten, den die Ameisen bei völlig ungewöhnlichen und überraschenden Umständen entwickeln. Vor allem geben sie auch ein Bild von jener peinlichen Sauberkeit, welche sie ihren Wohnungen angedeihen lassen. In einem Janet-Nest zum Beispiel, das von einer kleinen Kolonie Solenopsis Fugax bewohnt war und aus dreiunddreißig Kammern bestand, waren vierzehn den fast fertigen Puppen vorbehalten, eine barg die noch nicht so weit entwickelten und außerdem kleinen Larven; sieben enthielten Larven mittlerer Größe, fünf waren mit den riesigen Larven der beflügelten Solenopsis belegt, eine von der Königin besetzt, vier blieben zur freien Verfügung und eine einzige, im trockenen und vom Eingang entferntesten Teil des Apparates, diente als Ablageraum oder als Kloake. Dort luden die Arbeiterinnen den Schutt ab und entleerten die Säcke, die von den Larven zu Beginn der Verpuppung abgestreift werden und in denen sich die Rückstände der seit ihrem Auskriechen empfangenen Lebensmittel anhäufen. Andere, bedeutendere Nester haben zwei, auch drei Aborte; und da die Ausscheidungen der Ameisen immer flüssig sind, enthüllt besondere Färbung, welche der Gips des einen Vorschlages annimmt, deutlich seine ausschließliche Bestimmung.

So gelingt es ihnen in ihrem Gefängnis, abgeschnitten von der Außenwelt, aus dem Stegreif sanitäre Einrichtungen zu schaffen. Unsere Ingenieure könnten unter gleich schwierigen Verhältnissen kaum Besseres leisten.

Der einfachste und bequemste Apparat für unkomplizierte Beobachtungen ist immer noch der von Lubbock.

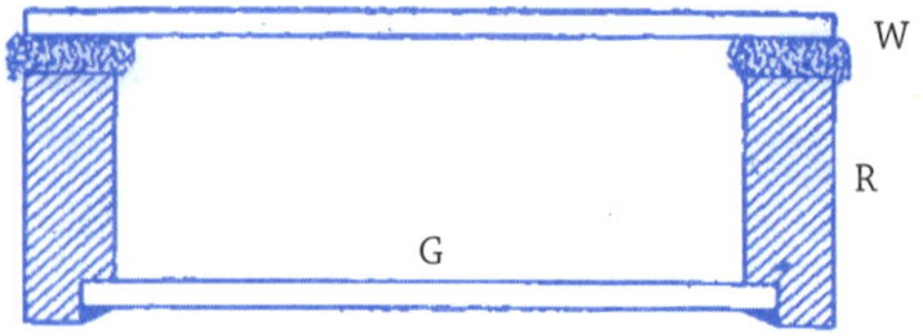

Lubbock-Nest (R Holzrahmen, G Glasscheiben, W Wattelage)

Er besteht aus zwei Glasscheiben von zwanzig bis dreißig Quadratzentimeter Größe. Je nach der Gattung, die man vor sich hat, sind sie drei bis sechs Millimeter voneinander entfernt, also gerade weit genug, dass sich die Ameisen frei zwischen ihnen bewegen können. Man verbindet die Scheiben durch einen Holzrahmen, füllt den Zwischenraum mit leicht angefeuchteter, feiner Erde und verdeckt das Ganze; denn das eigentliche Leben der Gesellschaftsinsekten spielt sich im Dunkeln ab. Es lassen sich mehrere dieser Nester auf ein Gestell übereinandersetzen. Man tut gut daran, wenn man es, um ein Entweichen der Tiere zu verhindern, noch mit Wasser oder besser mit mehligem Gips umgibt. Dank dieser Apparate ist man in die Geheimnisse des Ameisennestes eingedrungen, zum mindesten in die meisten seiner materiellen Geheimnisse. Davon, auch die politischen, wirtschaftlichen, psychologischen und sittlichen Rätsel zu lösen, sind wir noch sehr weit entfernt.

Die Kriege

I

Von allen Insekten haben einzig die Ameisen organisierte Heere und unternehmen Angriffskriege. Die Termiten halten zwar Soldaten, diese greifen aber niemals an. Sie sind ausschließlich zur Verteidigung des Gemeinwesens und zum Schutz der unbewaffneten Arbeiter bestimmt, die im Umkreis der Burg Futter sammeln. Die Bienen kennen gleichfalls den eigentlichen Angriffskrieg nicht. Allerdings kommt es bisweilen vor, dass ein geschwächter oder in Auflösung begriffener Bienenstock, der infolge Zusammenfallens einer Honigwabe oder aus irgendeiner inneren Katastrophe seinen Honig ausfließen oder durchsickern lässt, die Habsucht der Nachbarn reizt und zur Plünderung herausfordert. Dann entwickeln sich zwischen Verteidigern und Räubern mehr oder minder heftige Scharmützel; dennoch sind es eher zufällige Zusammenstöße als regelrechte Kämpfe. Von solchen Ausnahmen abgesehen, herrscht in der Welt der Bienen Achtung vor Leben und Eigentum.

Nicht so bei den Ameisen. Im Allgemeinen sind sie friedliebend. Sie vermeiden die unnötige Gewalt. Jedoch die Tatsache einer verfeinerten Zivilisation bringt es für die Intelligentesten unter ihnen fast immer mit sich, dass sie weniger kriegerische, mehr willfährige Rassen, deren

Angliederung oder Bündnis sie nötig haben, auch angreifen. Darin nähern sie sich in eigentümlicher Weise den höchsten menschlichen Zivilisationen; als entspräche es, solange es noch keine bessere Regelung gibt, dem Sittengesetz dieser Erde, der Natur, der Vorsehung oder dem Willen des Weltgeistes, dass dem so sei.

II

Übrigens ist ihre physische und psychische Mannigfaltigkeit unendlich viel größer und abwechslungsreicher als die der Termiten, Bienen und Menschen. Von den primitivsten Ameisen, den Ponerinen, welche unmittelbar von der uns unbekannten prähistorischen Ameise der frühesten geologischen Zeit abstammen und deren Tätigkeit noch für sich allein geschieht, bis zu den fortgeschrittensten Arten, den Pilzzüchtern, Sklavenhaltern und Handwerkern, von der harmlosesten, friedfertigsten, sich nie verteidigenden Formicoxenus und Myrmecina bis zu den tapfersten, ausdauerndsten Polyergus Rufescens, den Dorylinen und Acitoninen gibt es ungleich mehr Stufen und Übergänge als zwischen unseren vertiertesten Polynesiern oder Feuerländern und den Führern der Menschheit auf dieser Erde, den weißen Völkern. Form, Farbe und Größe weichen im selben Maße voneinander ab wie Intelligenz und Lebensgewohnheiten. Eine Polyrhachis Ypsilon aus Sumatra zum Beispiel, deren Brustkorb aussieht, als bestände er aus zwei flachen Schrauben mit einem dicken Jetknopf obendrauf und endigte in einem schweren Bernsteinkolben, neben einer australischen Orectognatus Sexspinosus mit ihrem Pferdekopf auf gestrecktem, stacheligem Brustschild, der langen, fadenförmigen Röhre

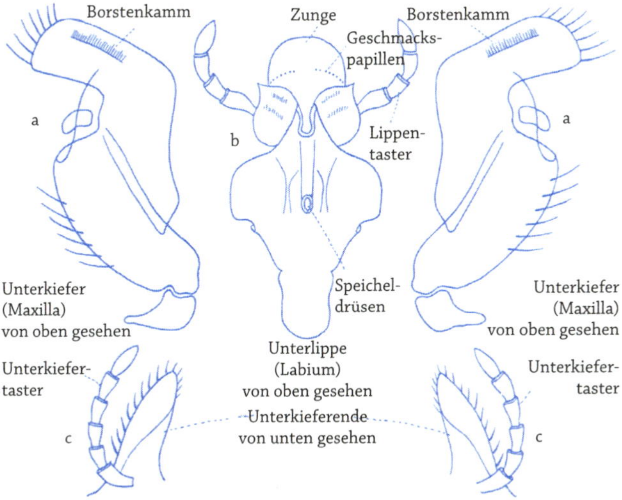

Mundteile von *Myrmica rubra*

darin, die in eine durchsichtige Birne ausläuft – diese beiden Tierchen scheinen miteinander ebenso wenig zu tun zu haben wie ein Nilpferd mit einer Heuschrecke; und die Tetramorium Coespitum, die es wagt, eine Formica Pratensis anzugreifen, erinnert an einen Steinmarder, der es wagte, einen Elefanten anzugreifen.

Natürlich sind die Waffen so verschieden wie die Körper. Für den Angriff besitzen alle Ameisen Kiefer, das heißt, recht schreckenerregende Werkzeuge buntesten Aussehens. Sie bilden Zangen oder Scheren, zum Teil kurz und gedrungen wie Kneifzangen oder lang wie Säbel, manchmal in einer scharfen Spitze endend, die mit einem Stoß den Schädel des Gegners durchbohrt.

Wieder andere besitzen eine doppelte, gezahnte Schneide und können Hals, Füße und Brustschild des Feindes absägen; schließlich gibt es welche, die zwiefach bewaffnet sind und zwei übereinanderliegende Sägepaare haben. Noch andere Arten verfügen außer über Kiefer auch über einen Stachel und einen Giftsack, ähnlich dem der Bienen. Diese Waffe scheint sich aber langsam zurückzubilden. Dafür findet sich gewöhnlich eine Steißtasche, eine Art Zerstäuber, mit der auf bestimmte Entfernung eine Giftwolke geschleudert werden kann, die den Widersacher lähmt oder anleimt. Die Ameisen haben übrigens offenbar eine Abneigung gegen die Anwendung dieser Waffe. Sie gebrauchen sie nur im Notfall und bei schweren Kämpfen; möglicherweise wollen sie nicht den Tod des Feindes, oder aber sie fürchten die Rückwirkung dieser tragbaren Artillerie; denn oft fallen sie dem eigenen Gift zum Opfer.

III

Es ist gleichfalls natürlich, dass die kriegerische Technik nicht minder verschieden ist, als es Körper und Waffen sind. Jede Art von Kriegführung bei uns findet sich in ihrer Welt wieder: offene Kriege, blitzartige Überrumpelungen, Massenaushebungen, Kriege aus dem Hinterhalt, durch Überfall, durch heimliches Einschleichen, hartnäckige und Vernichtungskriege, planlose und matte Kriege, Belagerungen und Einkreisungen, die genauso klug erdacht sind wie bei uns, glänzende Abwehr, wütender Sturmangriff, verzweifelter Ausfall, aufgelöster oder strategischer Rückzug. Mitunter finden sogar Gefechte zwischen Verbündeten statt. Ich habe

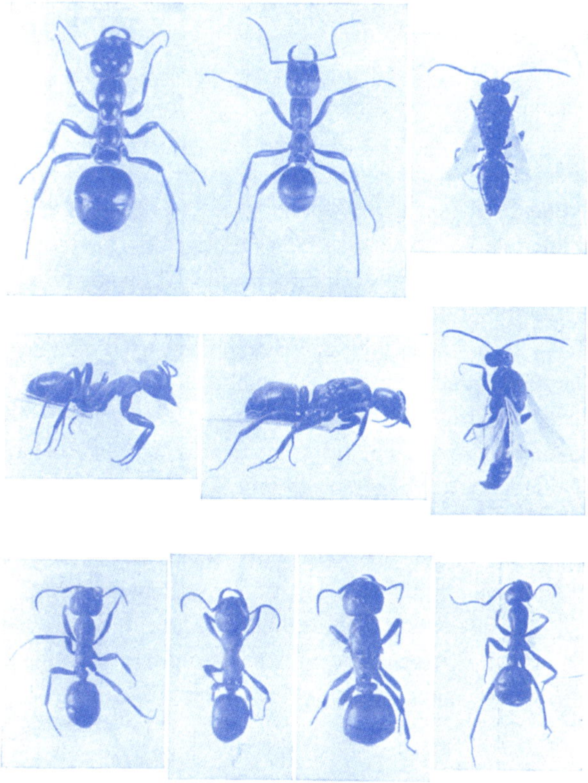

Europäische und Nordamerikanische Amazonenameisen
(4-fache Vergrößerung)

nicht die Absicht, alle Formen aufzuzählen; eine zu sehr ins Einzelne gehende Beschreibung wäre langweilig und gehört in fachwissenschaftliche Monographien. Dort wird man darüber leicht nachlesen können. Aus dem unentwirrbaren Durcheinander schälen sich aber einige allgemeine Gesetze heraus, die den Feindseligkeiten der Ameisen ihren besonderen Charakter geben.

Zunächst sind die meisten Arten – ich sagte es schon – im Gegensatz zur unrichtigen alten Legende weder egoistisch noch kriegerisch, sondern ausgesprochen friedliebend. Das hindert nicht, dass sie, werden sie angegriffen, bei der Verteidigung ihrer Stadt einen Mut entfalten, der dem unserer heldenhaftesten Truppen allermeist überlegen ist. Sie beachten selten die Zahl oder Größe ihrer Feinde. Übrigens verzichtet der Angreifer angesichts ihrer drohenden Haltung bisweilen auf seine Pläne und schämt sich nicht, nach dem ersten Zusammenprall die Flucht zu ergreifen.

So mächtig, so wohlausgerüstet, so furchterregend sie auch sein mögen, im Allgemeinen achten doch die friedliebenden Ameisen fremdes Gut, missbrauchen ihre Gewalt nicht, vermeiden jede Gelegenheit, jeden Anlass zu einem Konflikt und beschäftigen sich still und ausschließlich nur mit den Angelegenheiten ihres eigenen Nestes. Die Neomyrma Rubida zum Beispiel, die furchtbarste europäische Ameise, besitzt einen tödlichen Stachel, greift aber niemals eine fremde Kolonie an.

IV

Zum Schaden für den Frieden und das Glück der Ameisenwelt gibt es, wie bei uns, Rassen – gewöhnlich sind es die reichsten und mächtigsten –, die sich nicht von den gleichen Bedenken bestimmen lassen. Ohne den Krieg zu ihrem eigentlichen Handwerk zu machen, finden sie es doch ganz in der Ordnung, sich fremden Eigentums zu bemächtigen und besonders in regelmäßig wiederkehrenden Raubzügen die gesamte Jugend einer benachbarten

Stadt noch vor der Geburt zu rauben, um sie in Sklaverei zu führen. Man muss mit Bedauern feststellen, dass die zivilisiertesten, die intelligentesten Arten die skrupellosesten sind.

Hier müsste eigentlich die Schilderung einer solchen Ameisenschlacht eingefügt werden, die Huber so gewissenhaft beobachtet und beschrieben hat, beispielsweise ein Feldzug der Sanguinen oder der Amazonen. Besseres lässt sich darüber nicht sagen. Leider sind diese Schilderungen ziemlich breit und so zusammenhängend, dass man nicht gut Striche anbringen kann. Ich verweise also auf den alten Originaltext selber, der übrigens, wie ich höre, demnächst neu herausgegeben werden soll.

Unter den kriegerischen Ameisen sind die Sanguinen oder Raptiformica Sanguinea in Europa sehr verbreitet, man findet sie gewöhnlich längs der Sonnenseite von Wiesenzäunen. Viehmer, Wasmann, Wheeler und Forel haben sich besonders mit ihnen beschäftigt. Die Sanguinen unternehmen alljährlich während des Sommers zwei, drei Sklavenraubzüge. Und nichts kann strategisch besser organisiert, besser berechnet sein. Davon zeugt auch folgender, von Forel verfasster Bericht, dessen manchmal zu ausgesponnene Weitschweifigkeit ich mir zu kürzen erlaube:

Nachdem Kundschafter ausgeschickt sind, um das Ameisennest einer anderen Art zu rekognoszieren – in diesem Falle war es ein Nest der Glebarias, das es zu plündern galt –, ziehen sie eines Morgens in kleinen Trupps zum begehrten Nest und kreisen es nach und nach ein. Auf das Alarmsignal hin drängen sich die Belagerten aufgeregt um die Tore, die sie, so gut es geht, mittels kleiner Sandkörnchen – für sie sind es Bausteine – verrammeln. Sobald das Kommando gegeben ist, von dem man nicht weiß, woher es kommt (denn die Befehle gehen von einer noch geheimnisvolleren Quelle aus als im Bienenstock oder im Termitennest), gehen die Angreifer zum Massensturm über. Die Verteidiger suchen standzuhalten, aber ziehen sich, überrannt, ja gänzlich über den Haufen geworfen, in heller Verzweiflung in das Nest zurück. Darauf kommen sie mit ihren Puppen beladen wieder heraus, die sie um jeden Preis retten wollen. Deren Zahl ist nun so groß, dass sie einen Augenblick die Farbe des wirren Durcheinanders verändert; war sie bis dahin fahlrot, so wird sie plötzlich vom Weiß der Nachkommenschaft durchsetzt. Aber die Angreifer entreißen ihnen ihren Schatz, speichern ihn vorübergehend in der Nähe der Ausgänge auf, lassen die befruchteten Mütter und die unbepackten Arbeiterinnen durch und zwingen wie unerbittliche Zollbeamte alle, die Larven oder Puppen tragen, ihre Last niederzusetzen. Sie fügen übrigens niemandem ein Leid zu, wenn er sich nicht widersetzt oder durch Gift verteidigt. Nachdem etliche Glebarias, denen es gelungen war, zu entkommen und eine Anzahl ihrer Kinder im Gras zu verbergen, wieder eingefangen sind, bemächtigen sie sich auch dieser, und bald entwickelt sich zwischen der geplünderten Burg und dem siegreichen Staat, wohin die lebende Beute transportiert wird, ein geschäftiges Hin und Her, das oft zwei, drei Tage dauert, so lange, bis das eroberte Nest völlig geräumt ist.

Nicht, dass es, wie man nun vielleicht annehmen möchte, ein Gemetzel gegeben hätte, im Gegenteil, nur wenig Opfer bleiben auf der Walstatt. Die alten Einwohner werden einfach vertrieben und kehren nicht wieder in ihr Nest zurück. Nach beendigter Überführung der Puppen wird es auch vom Eroberer verlassen und zerfällt bald. Dem Grundsatz der Ameisen getreu, wurde die für

Formica sanguinea im Profil. A Königin ohne Flügel und Beine, B Schein-Königin, C Arbeiterin, D Kopf

unerlässlich erachtete Unternehmung ausgeführt und dem Gegner nur der unbedingt notwendige Schaden zugefügt.

Die Eier, Larven und Puppen der beraubten Glebarien werden an der Schwelle ihrer neuen Heimat von Sklaven ihrer eigenen Rasse in Empfang genommen und von ihnen gepflegt, ernährt und so lange aufgezogen, bis sie selber dem Dienst in der Wohnung ihrer Eroberer gewachsen sind. Auf diese Weise ergänzt sich das Gesinde in der Welt der Sklavenhalterameisen.

V

Übrigens handelt es sich nicht um eigentliche Sklaverei, und Huber hielt bereits vor mehr als einem Jahrhundert das Wort für unangebracht. Es ist wohl mehr eine eigennützige Adoption, die sich rasch in eine Art nährende Mutterschaft verwandelt. Aber der Wahrscheinlichkeit zum Trotz sind es die Besiegten, welche die Sieger adoptieren; und die Sieger werden zu Kindern ihrer Opfer. Das geht so weit, dass sie in gewissen überzivilisierten Kolonien unfähig geworden sind, sich allein zu ernähren. Die freiwilligen Sklaven jedoch sind genauso frei wie ihre Herren, verlassen das Nest, wann es ihnen beliebt, kommen und gehen, wie sie wollen, bleiben treu bis in den Tod und kämpfen sogar gelegentlich an der Seite ihrer Feinde gegen die eigenen Artgenossen. Dazu bietet sich unter normalen Verhältnissen keine Gelegenheit, denn die Glebarias sind im Wesentlichen friedliebend. Man kann sie jedoch ziemlich leicht herbeiführen, indem man nur zwei rivalisierende Kolonien einander gegenüberstellt. Höchstwahrscheinlich spielen in den Beziehungen zwischen Herren und Sklaven die Mysterien des Auswürgens, die geheime Wollust der Hingabe eine ausschlaggebende Rolle.

Bei der Raptiformica Sanguinea, deren Gebiet sich von Skandinavien und England bis nach Japan erstreckt, ist die Dienstbarkeit nicht immer gleich geregelt. Das eine Ameisennest hat zum Beispiel mehr Sklaven als Herren, ein anderes hingegen weniger, in einem dritten werden sie durch vereinzelte, in ihrer Entwicklung zurückgebliebene Arbeiter ersetzt; etliche endlich halten Sklaven, welche zwei Gattungen angehören, nämlich den Glebarias und

Rufibarbis, die sich gut miteinander vertragen. Forel ist es sogar gelungen, in einem künstlichen Ameisennest der Sanguinen acht verschiedene Arten aufnehmen und großziehen zu lassen, nämlich die Serviformicas Glebarias, Rufibarbis, Cinerias, Formica Pratensis, Rufas, Exsectas, Pressilabris und Polyergus Rufescens. Jede dieser Arten tat ihre Arbeit anders: Die Exsectas und Glebarias waren sehr fleißig, die Sanguinen sehr gewandt, die Pratensis sehr ungeschickt und die Polyergus von unverbesserlicher Faulheit. Die Vertreter anderer Rassen wurden für nicht verwendbar oder für anpassungsunfähig befunden und unverzüglich getötet.

Bei bestimmten Sklavenhaltern ist das Einvernehmen zwischen Herren und Knechten noch eigentümlicher. Eine von H. K. Kutter beobachtete Ameise mit dem barbarischen Namen Strongylognatus Alpini schickt bei ihren Feldzügen gegen die Tetramorium Coespitum ihre Sklaven aus und begnügt sich damit, den Kampf zu überwachen und den Gegner durch ihre bloße Gegenwart einzuschüchtern. Sie nimmt nicht selber am Gefecht teil. Dagegen greifen sich die beiden Erbfeinde, der Tetramorium und der Strongylognatus, sind sie vom Menschen in eine erzwungene Lage gebracht worden, nicht an und schließen sogar ein Bündnis. Alles das zeigt die bemerkenswerte Elastizität und Anpassungsfähigkeit, kurz, die Intelligenz, von der jene fast noch unerforschte Insektenwelt belebt und gelenkt wird.

VI

Es sei nebenbei darauf hingewiesen, dass es sich in allen diesen Fällen um unbewusste Knechtschaft handelt. Die

Glebarias und Rufibarbis sind Sklaven und wissen es nicht. Sie wurden schon im Embryonalzustand entführt und haben also ihr wahres Vaterland nicht gekannt. Ihre Anpassung ist darum ganz natürlich. Unter allen Räuberarten ist der furchtbare Strongylognatus Huberi der Einzige, der ausgewachsene Ameisen fängt und zu Sklaven macht. Es sieht nicht so aus, als ob ein derart gewagtes Unternehmen ihm ernsthaft gefährlich würde, sonst hätte er wahrscheinlich längst darauf verzichtet.

Nun haben aber diese sozusagen »übertierischen« Praktiken manchmal eigenartige Folgen. Wasmann erwähnt unter anderem einen Fall, wo die Kokons einer kleinen Pratensis-Kolonie von Sanguinen geraubt worden waren. Nach dem Auskriechen fanden die jungen Pratensis auf der Suche nach Futter ihre Mutter wieder und führten sie zum Nest ihrer Herren, um die Königin der Sanguinenameisen, die gerade gestorben war, durch sie zu ersetzen. Mit anderen Worten, die ursprüngliche Kolonie wurde nach und nach eine Republik der Pratensis (Rasenameisen).

Bei einer derart verfeinerten, verwickelten Zivilisation ist es kein Wunder, wenn zuweilen, wie bei uns, unerwartete Rückschläge eintreten.

Der eigentliche Sklavenhalter aber ist der Polyergus Rufescens, die Amazonenameise oder Legionärin, wie Huber sie nennt. Sie kommt verhältnismäßig selten vor. Für die anderen Arten ist Sklavenhalten ein Luxus, für sie eine Lebensnotwendigkeit. Auch ist das Verhältnis zwischen Herren und Knechten bei ihr umgekehrt. Bei den Sanguinen rechnet man gewöhnlich einen Sklaven auf sechs oder sieben Herren; während jede Amazone sechs oder sieben Sklaven hat. Bei den Sanguinen hebt die Entwicklung erst an, hingegen bei den Amazonen ist sie vollendet. Ihrer sichelförmigen Kiefer wegen ist die Amazone, gleich dem Soldaten der Termite, nur für den Krieg geschaffen. Es ist ihr nicht möglich, ohne fremde Hilfe zu essen, und sie kann ihre Nahrung nur vom Munde ihrer Dienerinnen nehmen. Zudem ist sie auch unfähig, ihre Jungen zu pflegen und ihr Nest zu bauen oder instand zu halten. In der Tiefe der Höhle bringt sie ihre unausgefüllten Stunden in dumpfer Trägheit hin. Ab und zu putzt sie ihre Rüstung oder bettelt ihre Sklaven demütig um einen Schluck Honig an. Eine andere Abwechslung kennt sie nicht. Dienerlos wären diese prächtigen, stahlgepanzerten Krieger, so herrliche Stoßtruppen und unwiderstehliche Soldaten sie sein mögen, ebenso ungeschickt, ebenso hilflos und verlassen wie Säuglinge. Setzt man unter diese Verzweifelten, die inmitten eines Bienenstocks Hungers sterben würden, die sich gegenseitig vergebens um ein Auswürgen anflehen, eine Arbeiterin der dienenden Rasse, wie Huber und Forel es taten, so ist alles wie umgewandelt. Sie spielt die Rolle der guten Hausfrau in der Bude sterbender Junggesellen. Um zunächst der dringendsten Not abzuhelfen, beginnt sie ihre soziale Tasche zu füllen und gibt daraus den Hungernden zu essen. Dann sammelt sie die Brut um sich, lässt ihr die notwendige Pflege angedeihen, bessert schließlich die Wohnung aus und säubert sie. In einer knappen Stunde hat die kleine barmherzige Arbeiterin die unglückliche Soldatenstadt in Ordnung gebracht.

VII

Von Natur aus ist also der Krieg das einzige Handwerk der Amazone. Er ist für sie die Lebensfrage. Um jeden

Preis muss sie ihre Sklaven unaufhörlich ergänzen. Ohne Rücksicht auf Zahl und Größe ihrer Gegner greift sie immer wie rasend an, weicht nie zurück und zielt sofort nach den Köpfen. Ihre ausschließlich kämpferischen Gewohnheiten haben ihren Instinkt und infolgedessen ihre Taktik in einer gewissen Richtung entwickelt, die weder die Anpassungsfähigkeit noch die Intelligenz der Sanguinen verrät. Sie hat auch nichts von deren Milde und Sanftmut. Den Sanguinen widerstrebt es, dem Feind eine tödliche Wunde beizubringen, sofern es nicht für den Sieg erforderlich ist. Will die Sanguine der Rufibarbis Beute abjagen, nach der es sie gelüstet, begnügt sie sich damit, den Gegner müde zu hetzen. Die Amazone aber schneidet ihr gleich den Kopf ab und trägt ihn mit dem Kokon zusammen fort. Manchmal packt sie im Handgemenge ein wahrer Blutrausch. Dann zerreißt sie alles, was ihr unter die Kiefer kommt, Larven, Puppen, Holzstücke, ihre eigenen Waffenbrüder und selbst ihre Sklaven, die sie zu beruhigen suchen. Aber Haudegen wie sie sind, haben die Amazonen einen Mut ohnegleichen, und ihrer sechzig können ein Heer von Sanguinen schlagen, die doch gewiss große Strategen, gefürchtete Piraten sind und es an Tapferkeit nicht fehlen lassen.

Übrigens ist – wie es schon Huber beobachtet hat – die Taktik der Belagerten eine andere, wenn der Angriff von Sanguinen geführt wird, als wenn er von Amazonen ausgeht. Hubers Bemerkung bezieht sich besonders auf die Opfer, die er die »Aschgrauen« nennt; denn am Ende des 18. Jahrhunderts hatten die Ameisen noch nicht jene barbarisch wissenschaftlichen Namen von heutzutage. Man sagte schlicht und gemütlich: die Sanguinen, die Wühlerinnen, die Blutroten, die Amazonen oder Legionäre – jetzt heißen sie Polyergus Rufescens – und die

Aschgrauen, die heute zur Formica Fusca der Glebaria-Rasse geworden sind.

Wenn es sich also um Sanguinen handelt, so ist das erste Bestreben der Belagerten, die Larven und Puppen zu retten. Man schichtet sie an dem Eingang des Nestes auf, der vom Angriffspunkt am weitesten entfernt liegt, um sie im Falle einer Niederlage leichter fortschaffen zu können. Darauf stürzen sie sich heldenmütig in den Kampf und verteidigen jeden Schrittbreit Boden. Häufig genug mit dem Erfolg, dass die Angreifer schließlich zurückweichen und nur die bereits eroberte Beute rasch mitnehmen.

Sind dagegen Amazonen gemeldet, so begreifen die Formica Fusca, dass alles umsonst ist, dass sie es mit einem todbringenden, erbarmungslosen Gegner zu tun haben. Eine dumpfe Bestürzung verbreitet sich in der Garnison, der nur noch die Hoffnung auf Übersättigung des Gegners bleibt.

Forel schätzt, dass eine Kolonie von tausend Polyergus durchschnittlich im Jahr vierzigtausend Kokons der Fusca oder Rufibarbis erbeutet.

VIII

Ihre Roheit und ihre vermutlich unsinnigen Ansprüche bringen, so scheint es, manchmal die Geduld ihrer Leibeigenen seltsamerweise zum Reißen. Forel, der alles gesehen hat, war Zeuge eines solchen Sklavenaufstandes. Die Spartakisten des unterirdischen Königreichs packten ihre Herren bei den Beinen, bissen sie und trugen sie weit weg vom Nest. Der Chitinpanzer schützte die Amazonen vor diesen Misshandlungen, sie ertrugen sie deshalb ziemlich gelassen und wehrten sich nur, trieb man es gar zu bunt. Dann nahmen sie den Kopf des Aufrührers zwischen ihre schrecklichen Sicheln, und ließ er nicht los, durchbohrten sie ihn mit einem Stoß.

So sinnlos sich auch die Ameise in ihrer kriegerischen Lebensweise gebärdet, hat sie mitunter doch beachtliche Einfälle. Man hat beispielsweise gesehen, dass Amazonen, die sich in ihrer Behausung beengt fühlten und auf ein verlassenes Ameisennest stießen, das ihnen bequemer als ihr eigenes vorkam, ihre Sklaven hinschafften und nach stundenlangem Hin und Her sich dort endgültig mit ihnen niederließen.

In Amerika und Japan gibt es Amazonen, welche annähernd die gleichen Lebensgewohnheiten wie die unserigen haben und Sklavenrassen mit anderen Namen unterjochen. Überflüssig, sie aufzuzählen. Unter ihnen allen zeichnet sich der Polyergus Breviceps durch vollendete Ritterlichkeit aus. Er übt nie die geringste Gewalt gegen Völker, deren Kinder er raubt.

IX

Nach den Raubzügen der Sklavenhalter spielen sich die milderen und gelinderen Kämpfe um den Boden ab. Die Ameise hat ebenso deutlich wie der Mensch das Gefühl für Besitz. Es ist bei ihr nicht nur auf das Nest und seinen Inhalt beschränkt, es erstreckt sich auch auf die Umgebung, wo sie ihre Nahrung sucht, und besonders auf die Schonungen, wo ihr Milchvieh weidet. Sie duldet nicht, dass Sendlinge benachbarter Kolonien auf ihren Gebieten plündern oder einen Tropfen Honig mitnehmen, den die von ihr aufgezogenen, gemästeten und in Stallungen untergebrachten Blattläuse absondern. Wir finden hier die gleichen scheinbaren Widersprüche wie bei uns. Wir Menschen lassen nicht zu, dass man sich unseres Eigentums bemächtigt, aber wir nehmen recht gern das, was anderen gehört. Daraus ergeben sich Konflikte, die übrigens bei ihnen seltener, harmloser und nicht so verwickelt sind wie bei uns. Ich spreche davon noch des Weiteren im Kapitel über das Nutzvieh.

Eine besondere Art Krieg betrifft die tropischen Rassen. Es ist der Krieg gegen die Termite: ein reiner Nahrungskrieg oder besser: eine Jagd. Die unglückliche, sonst aber fürchterliche und findige Termite wurde von der Vorsehung zur Beute bestimmt, sie ist das geborene Opfer der Ameise. In jenen Gebieten verbringt unser Insekt einen Teil seines Daseins damit, die Gelegenheit abzupassen, wo sie in das Termitennest eindringen kann. Dank den Vorsichtsmaßregeln und der Wachsamkeit des Verteidigers gelingt das aber höchst selten. Wen Einzelheiten über diese Kämpfe interessieren, den verweise ich auf die ausgezeichnete kleine Schrift, die M. E. Bugnion unter dem Titel *Der Krieg der Ameisen und Termiten* herausgegeben hat.

X

In der Ameisenwelt wie in der unsrigen endet ein Krieg nicht unbedingt mit der Ausrottung oder der Flucht der Besiegten. Sie kennen genauso gut wie wir die Wohltaten des Waffenstillstandes, des Friedens und die Vorteile der Bündnisse. Die meisten über diesen Punkt beobachteten Wirkungen sind künstlich hervorgerufen worden, weil sie in der Natur ziemlich selten sind oder sich doch vor unseren Augen verborgen abspielen müssen.

Nichtsdestoweniger zeigen sie wieder einmal, wie nahe die Intelligenz der Ameisen der menschlichen verwandt ist.

Setzt man Ameisen derselben Gattung, aber aus zwei verschiedenen Nestern in ein und dasselbe künstliche Nest, so greifen sie sich zunächst wütend an; bald aber, wahrscheinlich weil sie die Zwecklosigkeit und Torheit eines Bruderkampfes erkennen, legt sich ihre Aufregung, ihr Eifer lässt nach, die Kiefer lockern sich, die Körper lösen sich voneinander, eine Art allgemeinen Friedens tritt ein, der sich dann in ein ewig unerschütterliches Bündnis verwandelt; und als ob sie einer Familie angehörten, gehen alle in dem ihnen aufgedrungenen Bau frisch an die Arbeit.

Handelt es sich um verschiedene Gattungen, so dauert es länger, bis Friede einkehrt. Man kann sich leicht davon überzeugen, wenn man den Forel'schen Versuch wiederholt und zum Beispiel eine Kolonie Sanguinen und Pratensis zusammen in einen Sack tut. Nachdem man ihn geschüttelt hat und die Ameisen gut vermengt sind, hält man die Sacköffnung an den Eingang eines künstlichen Ameisennestes. Zunächst entsteht eine große Verwirrung, dann beginnt die Schlacht, die den Tag über heftig tobt, erst allmählich abflaut, um gegen Abend in harmlosen Püffen und nicht ernst gemeinten Drohungen zu verebben. Etliche Sanguinen und eine Anzahl Pratensis verlieren dabei gewöhnlich das Leben. Es ist eigentlich erstaunlich, dass die Verluste der Sanguinen nie größer sind als die ihrer Gegner; denn die Pratensis verfügen über ein gefürchtetes Gift; aber offenbar widerstrebt es ihnen, davon Gebrauch zu machen.

Zwei oder drei Tage später ist der Friede endgültig geschlossen, und die Feinde von gestern helfen einander beim Hinübertragen der Larven und Puppen und arbeiten, brüderlich vereint, an der Verbesserung und Einrichtung ihrer neuen Behausung.

Das Einvernehmen wächst ungemein und äußert sogar seinen Einfluss auf die Bauweise; denn wir haben gesehen, dass jede Ameisengattung ihren eigenen Stil, das heißt, ihre eigene Art hat, das Material für die zu errichtende Wohnung auszuwählen, zu behandeln und anzubringen. Deshalb ist – natürlich in der Natur und nicht etwa in einem künstlichen Ameisennest – die Kuppel eines gemischten Nestes nicht genau die gleiche wie die eines reinen Sanguinen- oder Pratensisbaus.

Dieser Einfluss der Verbündeten, der Hilfstruppen oder der Sklaven beschränkt sich nicht bloß auf die Bauweise, sondern erstreckt sich selbst auf das Wesen der Tiere und verändert mehr oder weniger stark die Psychologie und die Lebensgewohnheiten des Ameisennestes. Wie Ernest André feststellt, nehmen beispielsweise die von der scheuen Formica Fusca bedienten Amazonen größere Sanftmut, Zurückhaltung und Trägheit in ihren Bewegungen an, während die lebhaften und entschlossenen Rufibarbis ihren Herren mehr Geschäftigkeit beibringen.

XI

Es scheint uns wichtig, diesen kriegerischen Ameisen in einem letzten Abschnitt die großen, furchtbaren Gastameisen oder Jägerinnen aus Südafrika, Guayana, Mexiko und Brasilien anzuschließen. Sie heißen Dorylinen, Ecitinen und Leptanillinen. Sie führen keinen Krieg im eigentlichen Sinn. Denn ihnen leistet nichts Widerstand;

sie stoßen – wie Tornado und Typhon – niemals auf einen Gegner, der ihnen den Weg zu versperren wagt.

Die erst kürzlich von J. Vosseler beobachteten afrikanischen Anomma-Dorylinen gleichen den von Hetschako, W. Müller, Bates, Belt, Bar usw. erforschten Ecitinen oder Ecitons Hamatum. Es sind dies riesige, blinde, ausschließlich fleischfressende Ameisen, die keine andere Beschäftigung kennen als Morden und Plündern, die keine Städte gründen, sondern auf ihren Wegen Feldlager aufschlagen oder vielmehr biwakieren. Sie sind zum Nomadenleben gezwungen, da sie die Stellen, an denen sie verweilen, rasch und vollkommen verwüsten.

Militärisch und methodisch organisieren sie ihre Raubzüge. Kundschafter werden ausgeschickt, aber bald hält sie ihre Ungeduld nicht mehr, mordend und plündernd brechen sie in hellen Haufen aus allen Ritzen hervor und überfluten Ebene und Dschungel. In dichten Sturmreihen eilen sie vorwärts. Auf beiden Seiten sind sie von Offizieren mit großem Kopf und hakenförmigen Kiefern flankiert. Das ist ihr Schutz. Diese Offiziere lenken, überwachen sie und stürzen sich beim geringsten Alarm auf den Feind. Damit ihnen nichts entgeht, schicken sie einige Furagierabteilungen aus. Die Bewegung solcher Massen bedeutet für die Welt der Insekten die gleiche Katastrophe, wie wenn in die Herden wehrloser Säugetiere mehr als zwei Millionen Wölfe einhauten; denn zu dieser Zahl gelangen selbst die maßvollsten Schätzungen. Eine entsetzliche Panik verbreitet sich allenthalben. Häufig kündigen Vogelschwärme die Riesenameisenscharen an. Alles, was nicht flüchten kann, wird augenblicklich hingemordet. Ist eine Beute zu schwer, wird sie auf der Stelle zerlegt, und die Stücke werden zum allgemeinen Speicher gebracht. Geht der Zug über einen Hühnerhof oder begegnen ihm kleinere Säugetiere, so bleiben nur die Knochen übrig. In Tonga wurde ein Leopard im Käfig getötet und in einer Nacht bis auf das Skelett verzehrt. Früher warf man ihnen gefesselte Kriegsgefangene vor. Man glaubte zunächst nicht, dass sie angefallen würden, aber in wenigen Stunden machten die Ameisen aus ihnen ein unserer Museen würdiges osteologisches Präparat; sie sehen nichts und greifen den Menschen genauso an wie alles andere. Will man in seinem Hause bleiben, oder handelt es sich um einen nicht transportfähigen Kranken, so stellt man die Bettfüße in mit Essig gefüllte Gefäße und versichert sich, dass die Zimmerdecke heil ist, sonst fallen die Tiere von oben herab. Freilich räumt man ihnen fast immer den Platz, denn ihre Kiefer, selbst wenn sie vom Körper getrennt sind, lassen ihre Beute nicht los. Die Eingeborenen verwenden sie als Klammern bei Wunden, deren Ränder sie bis zur Heilung zusammenhalten.

Sind die Dorylinen oder ihre amerikanischen Schwestern, die Ecitinen, abgezogen, lebt nichts mehr. Nehmen sie ein Dorf im Sturm, verschlingen sie dort alles, was sich regt; dafür aber bleibt als gründliche sanitäre Verbesserung auch keine Spur von Ungeziefer übrig, und die Leute, die sich zunächst aus dem Staube gemacht hatten, erkennen schließlich, dass ihr Unglück einen nicht unbeträchtlichen Ausgleich gefunden hat.

Ist das Land völlig abgegrast, werden manche dieser Raubzüge zu Völkerwanderungen. Auch dann haben die Dorylinen dieselben Gewohnheiten wie die Ecitinen, sie schleppen ihre Eier, Larven und Puppen mit sich und bringen sie während der Marschpausen in provisorischen Nestern unter. Da aber die Larven der Dorylinen gegen Sonne empfindlich sind, werden sie auf schattigen Wegen befördert oder von den tunnelartig aneinanderliegenden

Köpfen ihrer Träger beschützt. Ein von Bar unweit Cayenne entdecktes, einen Kubikmeter großes provisorisches Ecitonnest enthielt Hunderttausende von Arbeiterinnen, deren ineinander verschlungene Körper riesige Kugeln bildeten, die den Kokons die notwendige Wärme zuführen sollten.

Bei sintflutartigen Regengüssen, plötzlichen Überschwemmungen, oder wenn ein Wasserlauf überschritten werden muss, bilden Dorylinen wie Ecitinen stets diese Kugeln um die Brut. Liegt hier ein einfacher Reflex vor oder eine heldenhafte und wohlüberlegte, durch höchste Not hervorgerufene Tat? Das Unterbringen der Kokons inmitten der Masse kann schwerlich bloßer Zufall sein.

Verständigung und Orientierung

I

Woher wissen die so gut wie blinden Ameisen, wenn sie in ihrem Nest eine Schwester ihrer eigenen Rasse, aber aus einer anderen Familie treffen, dass sie es mit einer Fremden zu tun haben? Es ist dies eines der schwierigsten und am wenigsten erforschten Probleme des Ameisennestes. Adele Field, eine ausdauernde und scharfsinnige Ameisenforscherin, hat Jahre darauf verwandt, ohne es wirklich befriedigend zu lösen. Nach ihren Untersuchungen sitzt der Geruchssinn, der bei der Ameise vorherrschend ist, hauptsächlich in den sieben letzten Gliedteilen der Geißel, will sagen, im äußersten Ende der Fühler. Jedes dieser Glieder stellt ein nur für einen ganz bestimmten Geruch empfängliches Organ dar; so wird beispielsweise die Witterung des Baus vom letzten Teil aufgenommen, während der vorletzte das Alter der Arbeiterinnen in den aus verschiedenen Familien derselben Gattung gebildeten Kolonien unterscheidet und der vorvorletzte die Witterung erfasst, mit der die Ameise den von ihr zurückgelegten Weg durchtränkt. Raubt man also dem Tier den letzten Gliedteil, so verläuft es sich in ein beliebiges Ameisennest und lässt sich dort hinmetzeln. Schneidet man ihm den vorvorletzten ab, so findet es seine eigene Spur nicht mehr. Wieder in einem anderen Teilchen ist das Witterungsvermögen für die Königin-Mutter lokalisiert. Arbeiterinnen, denen man es nimmt, bekümmern sich nicht mehr um die Eierlegerin und die Nachkommenschaft. Ein weiteres Gliedteilchen ist für den arteigentümlichen Geruch da; entfernt man es, so kann man die verschiedensten Rassen untereinander mischen; denn sie hören auf, sich gegenseitig zu bekämpfen, usw.

Man beachte, dass der Nestgeruch nicht mit dem Artgeruch zusammenfällt; jener ist ziemlich veränderlich und hängt vom Alter der Bewohner und von anderen Umständen ab, dieser hingegen ist fast unaustilgbar. Von beiden verschieden gibt es noch den Erb- oder Muttergeruch, der jeder Ameise vom Ei bis zum Tode anhaftet und den man nicht mit dem Geruch der Königin verwechseln darf, weil sie nicht die Mutter der betreffenden Ameise zu sein braucht.

Aber es wäre gewagt, wollte man den Geruchssinn der Ameisen nur auf ihre Fühler beschränken. Es ist im Gegenteil sehr wohl möglich, dass dieser Sinn nicht wie beim Menschen in einem einzigen Organ lokalisiert, sondern, ähnlich wie bei anderen Insekten, im ganzen Körper verbreitet ist. Minnich hat kürzlich nachgewiesen, dass die Schmetterlinge mit ihren Beinen schmecken, genauer gesagt, mit den vier tarsalen und distalen Endteilen der basitarsen Gelenke des zweiten und dritten Beinpaares. »Diese Form der Wahrnehmung von Sinneseindrücken«, bemerkt Wheeler, »ist bei den Insekten vermutlich sehr häufig. Man braucht für den Geruchssinn auch nicht Entfernungsempfänger und für den Geschmack Berührungsempfänger zu unterscheiden, denn

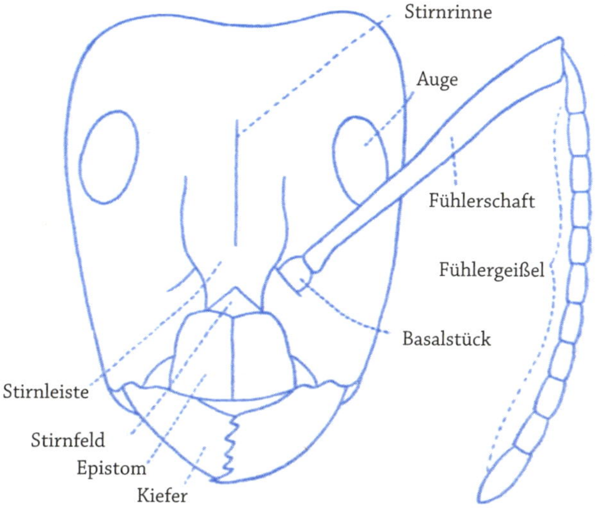

Kopf von *Camponotus ligniperda* ☿

die Insekten benutzen gleich wie beim Tastsinn ihre Fühler auf die eine und andere Art.«

Zu alledem bedenke man die Dauer der Gerüche im Gedächtnis der Ameise. Sie ist gleichfalls verschieden. In gewissen Fällen hält sie etwa zehn Tage, in anderen drei Monate an, in wieder anderen, und zwar namentlich, wenn es sich um den Erbgeruch handelt, erstreckt sie sich über drei Jahre. Nimmt man dazu noch die Mischungen, das unvermeidliche Auf- und Übereinander der Gerüche, vergegenwärtigt man sich ferner vor allem die Rolle, welche diese unerhört vielseitigen Organe als Träger elektrischer, magnetischer, wohl auch ätherischer und psychischer Beziehungen spielen, so wird man begreifen, zu welch unglaublichen Verwicklungen schon die alleroberflächlichsten Untersuchungen in dieser kleinen Welt führen, die wir für so viel einfacher und unausgebildeter hielten, von der wir annahmen, sie wäre viel schlechter weggekommen, viel weniger des Interesses wert und böte ungleich geringere Überraschungen als unsere Welt.

II

Die Ameise ist so kurzsichtig, dass ihrer viele gleichsam blind sind. Infolgedessen übernehmen die Fühler die Funktionen der Augen. Sie ersetzen überdies die Sprache. Wir alle haben die Tierchen auf den Pfaden rings um das Nest hin und her laufen sehen. Fast jedes Mal, wenn sie sich begegnen, machen sie einen Augenblick halt und beklopfen sich rasch mit dem Flagellum, als hätten sie sich etwas zu sagen. Haben sie keine anderen Verständigungsmittel? Wie feststeht, verbreitet sich der Alarm in einem angegriffenen oder auch bloß bedrohten Ameisennest mit einer so blitzartigen Schnelligkeit, dass man sie eigentlich nur einer Masse plötzlich auftretender und einhelliger, teils nervöser oder psychischer Zellenreizungen zuschreiben kann, einem Phänomen übrigens, wie es auch in unserem Körper vorkommt, ist er ernsthaft gefährdet oder betroffen. Aber neben solchen Kollektivreaktionen gibt es unstreitig eine individuelle Fühlersprache. Sir John Lubbock hat darüber genaue und aufschlussreiche Versuche angestellt, beispielsweise folgenden leicht nachprüfbaren: Man stelle zwei kleine Gefäße in gleicher Entfernung vom Ameisennest auf; in das eine lege man an die fünfzig, hingegen in das andere drei bis vier Larven oder Puppen und bringe alsdann in beide eine Ameise.

Sogleich belädt sich nun jede mit einer Larve und trägt sie zum Nest. Man ersetze die jeweils fortgeschafften Larven und wird bald bemerken, dass in das Gefäß mit den fünfzig Larven drei- bis viermal so viele Arbeiterinnen kommen wie in jenes, welches nur drei enthält. Also haben die Ameisen ihren Gefährtinnen verständlich machen können, dass in dem einen Gefäß mehr Arbeit für sie zu tun war als im anderen.

Und noch ein weiteres Experiment desselben Verfassers! Er beobachtete eine kleine Lasius Niger, die ständig damit beschäftigt war, Larven zum Nest zu schleppen. Am Abend schloss er sie in ein Fläschchen ein und ließ sie am nächsten Morgen wieder frei. Sogleich nahm sie ihre Arbeit wieder auf. Um neun Uhr setzte er sie abermals gefangen und brachte sie um vier Uhr wieder zu ihren Larven. Das Tierchen betrachtete sie mit großer Aufmerksamkeit, kehrte aber in sein Heim zurück und nahm keine einzige mit. Außer ihr befand sich in diesem Augenblick keine zweite Ameise vor dem Nest. Innerhalb einer knappen Minute erschien sie mit acht Freundinnen, und die kleine Schar ging stracks auf den Larvenhaufen zu. Als sie drei Viertel des Wegs zurückgelegt hatte, schloss der Beobachter die gekennzeichnete Ameise von neuem ein; die anderen stutzten und liefen nach etlichen Minuten auffallend eilig wieder zum Nest.

Um fünf Uhr setzte Lubbock das Versuchstierchen noch einmal zu den Larven; es wandte sich abermals ab, ohne auch nur eine davon fortzutragen, kam aber nach einigen Sekunden Aufenthalt im Nest mit dreizehn Gefährtinnen zurück. Diese mussten alle anderswie unterrichtet worden sein als durch Beispiel, da die gezeichnete Ameise in ihrer Gegenwart niemals eine Larve fortgeschleppt hatte.

Ob sie sich allein durch das Spiel der Fühler verständlich gemacht hatte? Höchstwahrscheinlich, ja, es ist beinahe sicher. Allerdings die Gegenprobe ist deshalb nicht möglich, weil eine Ameise, die man ihrer Fühler beraubt, den Ortssinn verliert und die Larven oder das Nest nicht mehr wiederfinden würde.

III

Außer diesen Versuchen, die das Mitteilungsvermögen beweisen, stellte Lubbock mancherlei andere an. Er führte sie tagelang durch, sodass sie ein denkbar genaues Bild vom Tun und Treiben verschiedener, ihren Larven zugesellter Lasii ergeben. Er berichtet zum Beispiel von einer Ameise, die von neun Uhr morgens bis sieben Uhr abends – dann wurde die Beobachtung abgebrochen – neunzigmal zwischen dem Nest und der Schüssel, wo sich die Larven befanden, hin und her wanderte. Bei jeder Reise nahm sie eine Larve mit und kehrte stets allein zurück. Andere machten unter den gleichen Bedingungen fünfzig, achtzig Reisen usw., und zwar immer ohne Begleitung. Glaubten sie sich ihrer Aufgabe allein gewachsen oder weshalb hielten sie eine Benachrichtigung der Genossinnen für überflüssig? Hingegen zeitigte der Versuch mit den siebzig Stecknadeln unklare Ergebnisse. Es würde zu weit führen, auf Einzelheiten einzugehen, die Seiten füllen müssten; es genügt, zu wissen, dass von siebzig Stecknadeln, die in einer Korkscheibe stecken, drei ein Stückchen honiggetränkter Pappe auf dem Kopfe tragen. Nach fünf Tagen zeigt die Endstatistik, dass von einhundertsiebenundfünfzig Ameisen einhundertvier zu den Honignadeln gingen und dreiundfünfzig zu den siebenundsechzig anderen. Aber spricht nicht die Wahrscheinlichkeit dafür, dass nun jene, die den Honig fanden, von ihrem bekanntlich überaus empfindlichen Geruchssinn geleitet wurden?

IV

Die Fühlersprache muss recht primitiv sein, was daraus erhellt, dass die Ameisen, können sie sich sonst kein Gehör verschaffen, die Sache selbst vormachen und die anderen geradewegs dazu zwingen. Unter Anwendung von Gewalt treiben sie die ihnen wichtigen Gefährten auf den Pfad, den es gilt, und zeigen ihnen am eigenen Beispiel, was sie zu tun haben. Dass die Sprache unkompliziert und mithin lediglich eine Art Austausch von Sinneswahrnehmungen ist, beweist überdies folgende Tatsache: Die parasitären Insekten, namentlich die Hartflügler mit Ätherabsonderungen, welche mit den Ameisen gar nichts gemein haben, sondern sie im Gegenteil verderben und auf ihre Kosten üppig leben, verstehen die Sprache ebenso gut wie ihre Wirte. Man darf darum die Bedeutung und die Geheimnisse einer so leicht erlernbaren Sprache nicht überschätzen. Hinwiederum bekunden die oben erwähnten und unter einer Menge anderer ausgewählten Versuche Sir John Lubbocks, dass die Verständigung durch die Fühler als sprachliches Mittel nicht gering zu achten ist.

Das Problem der Verständigung ist übrigens eines der aufregendsten des Ameisennestes. Unter bestimmten Umständen, wenn es sich um den Bau oder die Verteidigung des Nestes, die Verteilung der Arbeit, um militärische Pläne, die Pflege der Larven, die außerordentlich schwierige Pilzzucht, den Unterhalt, das Weiden und den Schutz des Nutzviehs oder die Bildung einer Gruppe von Weberinnen handelt, die widerspenstige Blattränder zusammenhalten sollen – unter solchen Umständen stellt man mit Bewunderung ein allgemeines und sofortiges Einvernehmen fest. Anscheinend ist das nur so zu erklären: Die Ameisen müssen fähig sein, sich untereinander verständlich zu machen, Ratschläge oder Befehle auszutauschen, kurz, einem gemeinsamen Plan zu folgen.

Aber daneben tritt oft, hauptsächlich beim Wegschaffen von Lasten, eine derartige Sinnlosigkeit, ein so zweckloses und törichtes Hin und Her, ein so verblüffender Mangel an gesundem Verstand zutage, dass man an ihrer Intelligenz zu zweifeln beginnt. Auf Grund langer und geduldig ausgeführter Versuche kam der treffliche und gewissenhafte Forscher V. Cornetz zu dem Schlusse, bei den Ameisen gäbe es keine gegenseitige Hilfe, sie wären weit davon entfernt, einander beizuspringen, vielmehr störten sie sich, arbeiteten hartnäckig gegeneinander, und der sogenannte »Geist des Ameisennestes« fände sich außerhalb des Baus nicht, zum mindesten dann nicht, wenn es sich um das Fortschaffen von großen und schweren Gegenständen handele.

Man braucht nur zu beobachten, was sich an den Toren des Ameisennestes begibt, um sich davon zu überzeugen, dass Cornetz recht hat. Aber auch wer die Tatsache des Einvernehmens anerkennt, geht nicht fehl. Wem soll man nun glauben? Es ist sehr wohl möglich, dass die Ameisen, wenn bestimmte Sachen anderswohin geschafft werden sollen, den Kopf verlieren. Auch wir kommen uns manchmal sehr verständig vor. Einem Riesen jedoch, der, aus gleicher Höhe und ebenso blind, wie wir den Ameisen, uns zusähe, würden wir vermutlich recht närrisch und sinnlos vorkommen. Sicherlich gibt es in unseren Handlungen, in unserer Zivilisation vieles, das unverständlich bleibt und anders ist, als es sein sollte. Zudem sind diese Fälle von Ratlosigkeit bei den Ameisen nur vorübergehend. Bei fortdauernder, geduldiger Beobachtung wird man sehen, dass die Tierchen zu guter Letzt immer ihr Ziel erreichen, und dass Strohhalm, Holzstückchen oder ein unverhältnismäßig großes Insekt im Nest verschwinden.

Diese der sonstigen Intelligenz der Ameise widersprechenden Anomalien befremden natürlich. Allein hat das Tierchen für sein Teil nicht mit den gleichen Schwierigkeiten gegen unerklärliche Tücke und Bosheit der Natur zu kämpfen wie wir?

Aus diesen und vielen anderen Beobachtungen ergibt sich vor allem, dass die Ameisen in ihrer Gesamtheit fast geniale Fähigkeiten an den Tag legen, vereinzelt aber drei Viertel ihrer Intelligenz verlieren, sobald sie eben nicht mehr von der Kollektivseele angefeuert sind.

Solange die Frage nicht besser gelöst ist, wollen wir uns gestehen, dass es Vermessenheit wäre, bildeten wir uns ein, wir hätten die Geheimnisse des Weltalls ergründet. Denn noch vermögen wir nicht einmal so winzige Probleme, deren Kern handgreiflich scheint, zu durchdringen.

V

Mit der Frage der gegenseitigen Hilfeleistung verbindet sich eine andere, die uns zu dem Sittengesetz des Ameisennestes führt. Die ersten Forscher, Latreille, Lepeletier de Saint-Fargeau usw., behaupteten, gesehen zu haben, wie die Ameisen ihren Krüppeln halfen, die Kranken und Verwundeten pflegten und ihnen beistanden. Der vorsichtigere Forel meint, sie wendeten anscheinend nur den Leichtverwundeten ihre Sorge zu, hingegen die ernsthaft Kranken trügen sie aus dem Nest und überließen sie ihrem Schicksal. Sir John Lubbock hat diesbezüglich ganz systematische Versuche angestellt und bestätigt, dass die Arbeiterinnen meistens völlig gleichgültig gegenüber dem Leide anderer sind. Sie dächten nicht daran, halb ertrunkenen, verschütteten oder festgeklebten Gefährtinnen zu helfen, obgleich die kleinste Bemühung ihnen das Leben retten würde.

Mit diesem Schwanken, dieser Zwiespältigkeit kommen sie der menschlichen Natur näher und entfernen sich von Bienen und Termiten, deren Gleichgültigkeit gegen fremdes Schicksal keinerlei Ausnahme kennt. Die Biene wirft unbarmherzig alles, was sterben will, aus dem Nest; die Termite frisst es sofort auf. Aber die Ameise übt eine größere Zurückhaltung als unsere Kannibalen und verzehrt nicht einmal die Leichen ihrer Feinde.

Im Ameisennest, ähnlich wie in unseren Städten, bleibt unter den Vorübergehenden manchmal – mit den Worten des Evangelisten zu reden – ein barmherziger Samariter stehen. Ob es häufiger vorkommt als bei uns? Darüber sind die Meinungen geteilt; jedenfalls scheint es ihn zu geben. Und das ist sicherlich weit merkwürdiger und wunderbarer, als wäre die Barmherzigkeit ein allgemeiner Instinkt; denn dann brauchte man ihren Grund nur in einem organischen Gesetz zu suchen, welches dem Tier geböte; sie würde zu einer naturgegebenen, selbstverständlichen Eigenschaft, sie verlöre alles Verdienst und jede Beziehung zu uns.

Ich will hier nicht an Züge erinnern, die meines Erachtens hinreichend bekannt sind und sich in allen

Schriften über Ameisen finden. Ich führe nur die kleine, fühlerlos geborene Fusca an. Nach einem feindlichen Angriff lesen ihre Landsleute sie auf und tragen sie heim zum Nest. Ich denke an die unglückliche, auf dem Rücken liegende Ameise, die, unfähig, sich aufzurichten und zu ernähren, von den ihrigen gerettet wird; ferner an die sinnlos betrunkenen Arbeiterinnen (Opfer unserer Experimente), die zu ihrer Behausung zurückgebracht werden; oder an die versehentlich zerquetschte Königin der Lasius Flavus, die von ihrem Volk wochenlang weitergepflegt wird, als wäre sie noch am Leben. Schon Huber hatte übrigens beobachtet, dass fünf bis sechs Arbeiterinnen tagelang bei einer königlichen Leiche ausharrten, sie unablässig bürsteten und beleckten. »Möglich«, fügt er in seiner netten Art hinzu, »dass sie einen Rest von Zuneigung für ihre tote Herrscherin bewahren, möglich auch, sie hoffen, durch ihre Pflege werde sie wieder lebendig.«

Diese Beispiele könnte ich noch durch Forschungsergebnisse Ebrards ergänzen. Bei dem hohen wissenschaftlichen Rang der Berichterstatter würden sie, als noch niemals von irgendjemandem in Zweifel gezogen, beweisen, dass auf den Ameisenstraßen mehr Samariter wandeln denn auf dem verkehrsreichen Wege von Jerusalem nach Jericho.

Jeder einzelne Zug müsste übrigens unter die Lupe genommen werden. Das Beispiel der kleinen, fühlerlosen Fusca, des auf dem Rücken liegenden Insekts, der sinnlos betrunkenen Arbeiterinnen könnte darauf hindeuten, dass, wie Forel behauptet, die Ameisen sich lediglich um Verwundete und Kranke bekümmern, soweit sie noch der Allgemeinheit zu nützen vermögen. Was die zerquetschte Königin und jene Huber'sche angeht, so besteht die große

Wahrscheinlichkeit, dass die Umgebung eine gewisse Zeit braucht, ehe sie den eingetretenen Tod wirklich erkennt.

Aber fragen wir uns, inwieweit wir bei den gegebenen Fällen jene ersten anthropomorphen Deutungen gelten lassen können. Mitleid und Barmherzigkeit finden sich, außer beim Menschen, nirgends in der Natur. Ihn treibt wohl der Glaube an ein zukünftiges Leben und damit die Berechnung des Selbstsüchtigen. Werfen wir keinen Stein auf ihn! In jedem Blutstropfen pulsiert ein förmlicher Befehl, und ihm gehorcht er. Alles, was lebt, mit Ausnahme der Ameise und bis zu einem gewissen Grade auch der Termite und Biene, kann nicht anders handeln, will es dem höchsten, ewigen und allgemeinen Gesetz folgen, wonach jegliches Geschöpf auf sich selber bedacht zu sein hat. Lässt der Glaube an ein Jenseits nach oder erlischt er gar, so wird sich die Barmherzigkeit mittlerweile als eine vererbte Gewohnheit in eine Art entbehrlichen Unterinstinkt verwandelt haben. Freilich tritt er nur zeitweise hervor, seine Äußerungen sind nicht häufig, dafür aber manchmal bewunderungswürdig. Was soll werden, wenn dieser Vorrat erschöpft ist? Werden wir dann etwas anderes entdecken, das uns einander lieben und mitunter das Wohl des Nächsten über unser eigenes stellen heißt? Möglicherweise; denn es lässt sich nichts absehen. Vorläufig allerdings sind keine Anzeichen dafür da. In der langen Zwischenzeit wird sich die Menschheit vielleicht vom Erdboden vertilgt oder zum mindesten so zugrunde gerichtet haben, dass alles wieder von vorne anfangen muss.

Die Ameise würde offensichtlich dem Menschen ähneln, der nichts von Himmel und Hölle erwartet, hätte sie nicht ihr Bedürfnis, für andere auszuwürgen; das aber bedeutet Wollust und ist ihre Religion, ist die Liebe zur

Allgemeinheit, der sie angehört, ohne welche sie nicht zu leben vermag, und die einen Zuwachs, eine Steigerung ihres eigenen Daseins mit sich bringt. Inwieweit ist dieses Gefühl dem, was wir Menschen Barmherzigkeit nennen, verwandt? Darüber können wir uns natürlich keine Rechenschaft ablegen.

VI

Da wir schon mitten in den schwierigen Problemen stecken, wollen wir noch ein anderes, gleich heikles Thema erörtern, nämlich das des Orientierungsvermögens oder Ortssinns.

Wie man weiß, haben viele Vögel, vor allem die Brieftauben und Zugvögel, ihre besondere Gabe, mit deren Hilfe sie ihren viele hundert Kilometer weit entfernten Schlag, ihr Nest oder ihre Heimat jenseits des Meeres in einem anderen Erdteil wiederfinden. Heute ist man sich darüber ziemlich klar und verlegt diesen Sinn in die halbkreisförmigen Windungen des Ohres. Diese würden etwa einem radiogoniometrischen Empfänger entsprechen, mit anderen Worten, gewisse zum Teil bekannte, zum Teil noch unbekannte Wellen auffangen.

Landtiere, zum Beispiel das Pferd, und selbst Menschenrassen, wie besonders die Eskimos und die Nomadenvölker der Sahara, sollen etwas Ähnliches, wenn auch in geringerem Maße, besitzen. Hat man da ebenso an die halbkreisförmigen Windungen zu denken oder an jene analoge Fähigkeit, welche die Exner'sche heißt? Danach wäre nämlich »die Sinnesempfindung und das Gedächtnis für Raumgefühl in der den Körper halbierenden, senkrechten Ebene (Medianebene)« lokalisiert.

Scheint das nicht, so dargestellt, mit der *virtus dormitiva* des Molière'schen Opiums nahe verwandt zu sein? Liegt einfaches Gedächtnis vor oder handelt es sich um unbewusste Gesichts- und Geruchsmerkzeichen? Oder gar um etwas, wovon wir bisher keine Ahnung haben, das die Menschen, denen es eignet, nicht zu erklären vermögen? Wir wollen uns nicht in dieses Labyrinth hineinwagen. Denn trotz unserer halbkreisförmigen Windungen fänden wir schwerlich wieder heraus. Wir wollen uns vielmehr damit begnügen, zusammenzufassen, was uns die Ameisenforschung über diesen Punkt lehrt.

Man nimmt an, dass das Orientierungsvermögen der Biene und Wespe fast ausschließlich visuell bestimmt wird. Bei der Ameise, deren Sehkraft annähernd gleich null ist und kaum über drei, vier Zentimeter hinausreicht, muss das anders sein. Sir John Lubbock machte in der Nähe des Nestes sehr gründliche Versuche, aus denen hervorgeht, dass die Ameisen ihre Augen ungleich weniger gebrauchen, als wir unter den gleichen Umständen tun würden, dass aber ihre Sehkraft sie doch bis zu einem gewissen Grade leitet. Zum anderen stellten Bonnet, J. H. Fabre, Brun, Cornetz fest, indem sie den Tieren die Fährte abschnitten, verwischten, überschwemmten und ihnen die Witterung entzogen, dass der Geruchssinn für die Beibehaltung der Wegrichtung gleichfalls nur eine ziemlich untergeordnete Rolle spielt. Denn es gelang den Ameisen durchaus, nach einigen Tastversuchen die sogenannte »Geruchsbahn« wiederzufinden.

Die letzten Versuche von V. Cornetz, dem scharfsinnigen algerischen Beobachter, ergaben, dass eine ihrem Heim entnommene Ameise, sobald man sie in einiger Entfernung davon niedersetzt – aber wohlverstanden: *nicht im Augenblick, da sie von einem Ausflug zurückkommt* –, im Kreise umherirrt und ihr Nest nicht wiederfindet. Man lege dagegen einer anderen, die gerade unterwegs ist, auf einer Schüssel Futter vor, bringe sie irgendwohin in den Schatten oder in die Sonne und drehe sie, während die Arbeiterin ihren Kropf füllt, langsam, sagen wir von Norden nach Süden; in dem Falle wird das Insekt die Nordrichtung nicht verlieren, vielmehr auf geradem Wege heimeilen. Es besitzt und bewahrt also unerschütterlich das Richtungsgefühl und kümmert sich absolut nicht um die Drehung, die man ohne sein Wissen mit ihm vornahm. Solche und ähnliche Experimente misslingen fast nie; und V. Cornetz zieht daraus folgenden Schluss: »Das Aufspüren des Rückwegs ist die Auswirkung des bei einer Erkundungsstreife durchmessenen Hinwegs und hat nichts mit der Funktion von Gesichts-, Tast- oder Geruchserinnerungen zu tun.«

Man kann die Ameise allerdings von ihrem Pfade abbringen, wenn man ihr beispielsweise auf dem vom Süden nach Norden verlaufenden Heimweg einen Köder hinhält, den man, während sie ihn verspeist, mit ihr über das Nest hinauszieht und sie dabei eine halbe Drehung um sich selber hat machen lassen. Sie wird dann ihren Körper in die alte Süd-Nord-Richtung zurückbringen, jedoch nicht bemerken, dass sie bereits über ihr Nest hinaus ist, ihm den Rücken kehrt und sich nun endgültig verirrt. Aber welche menschliche Intelligenz würde einer so teuflischen Falle entgehen?

VII

Worauf beruht diese Fähigkeit, und wie ist sie zu erklären? Hier beginnen die Schwierigkeiten oder richtiger, beginnen sie von neuem. Ich will nicht auf Einzelheiten der verschiedenen, ziemlich unklaren Theorien eingehen; denn sie alle münden mehr oder minder in dem deutlichen Eingeständnis, dass wir nichts wissen. Man beruft sich abwechselnd auf ein im Gedächtnis gelegenes Element, das die Erinnerung an das Nest wachhält, oder auf eine Vorstellung vom Ausgangspunkt, dank welcher das Insekt die Achse seines Körpers so richtet, dass es sein Nest im Rücken hat; eine Theorie, die das Problem nur verschiebt. Man spricht vom *Horning instinct,* was gar nichts weiter zu bedeuten hat; von einem ausgeglichenen Gang, der die Abschweifungen von der Achse berücksichtigt; aber ebendiese Achse wird nicht näher erklärt. Schließlich gibt es noch die Anschauung des Tropismus und Phototropismus, wonach die Sonne als visuelles Merkzeichen gewertet wird, und zwar auch im Schatten und in der Dunkelheit; denn gewisse Strahlungen durchdringen selbst die undurchsichtigsten Körper. Und man darf dabei nicht vergessen, dass die Ameise für ultraviolettes Licht empfindlich ist.

»Alles geht so vor sich«, sagt uns übrigens Rabaud, »als wäre das Tier, das in einer bestimmten Richtung seinen Weg genommen hat, dadurch polarisiert.« Es soll ein unbekanntes Merkzeichen geben, das eine anderswohin gebrachte Ameise befähigt, nachher noch, wie Cornetz hinzufügt, die ursprüngliche Marschroute fortzusetzen. Wiederum heißt das jedoch, eine Frage mit einer anderen beantworten. Sodann entwickelt Cornetz die Forel'sche Topochemie, die nicht mit bloßen Gerüchen zusammenhänge, sondern auch auf Entfernung wirksam sein solle, sodass der Ameise dadurch eine Art riechendes, sogar plastisches Panorama eignen würde. Mit dieser Fähigkeit vermöchte sie also den verlängerten Geruch eines Gegenstandes, einen flachen oder spitzen Geruch, kurz, wenn ich recht verstanden habe, einen drei- und vielleicht vierdimensionalen Geruch wahrzunehmen. Sie besäße folglich eine »Topographie chemischer Natur, deren eigentliche Kraftquelle Gerüche wären«. Sie würde Geruchsausstrahlungen aus der Entfernung, wenn auch undeutlich, riechen, die in der Luft ihre festen, räumlichen Formen verlängern. »Mit diesem topochemischen Sinn begabt, nehmen die Ameisen«, sagt E. L. Buvier, »die Formen und Formverbindungen wahr. Die Tiere sind imstande, an ihren Geruchsfeldern zwischen den Spuren des Hin- und Rückwegs einer Fährte, zwischen ihrer rechten und linken Seite zu unterscheiden. Dadurch erkennen sie die Richtung, die sie einschlagen müssen. Es gelang Forel'schen Arbeiterinnen, denen man die Augen mit undurchsichtigem Lack überzogen hatte, wenngleich unter Schwierigkeiten, den richtigen Pfad zu finden. Mit abgeschnittenen Fühlern waren sie dazu völlig außerstande. Der Geruchssinn spielt also bei diesem Phänomen eine viel wichtigere Rolle als das Sehvermögen.«

VIII

Der Vollständigkeit halber sei noch von den inneren Merkzeichen gesprochen. Das würde uns wieder auf die halbkreisförmigen Windungen zurückführen, die in dem winzigen Ameisengehirn anscheinend fehlen, aber durch die Fühler ersetzt werden können. Gemeint ist der »Winkelsinn« (Cornetz) oder der »Stellungssinn« (Bonnier), der es der Ameise ermöglichen soll, die Abweichungen auszugleichen und die ursprüngliche Richtung wieder einzuschlagen. Aber welche Natur hat dieser Sinn? Wir kommen immer auf dieselbe Frage zurück, da doch die Hypothesen immer wieder auf sich selbst zurückkommen. Nebenbei weist Cornetz darauf hin, dass die Ameisen, was ja schon Lubbocks Versuch bewies, ihre Richtung beibehalten können, falls man die Reihenfolge ihrer Winkelwahrnehmungen unterbricht.

Vergessen wollen wir ferner nicht Piérons »Muskelgedächtnis«, das heißt, jenes Gedächtnis für die verschiedenen notwendigen Bewegungen, um von einem Punkt zum anderen zu gelangen. Es ist die Fähigkeit, die einzelnen Geschehnisse in zeitlich umgekehrter Reihenfolge sich vorzustellen und so zum Ausgangsort zurückzukehren. Schließlich erklärt Brun im Anschluss an Piérons Versuch, dass »die Ameise sich verhalte, als besitze sie einen Kompass, auf dem sie die genaue Reiserichtung ablesen könne, und außerdem einen Schrittzähler, der ihr an verschiedenen Punkten ihrer Fahrt den noch zu leistenden Weg beständig anzeige«. Ich meinesteils möchte aber glauben, sie selber ist der Kompass oder die Nadel, welche ihr die Richtung zum Neste weist: Kompass oder Nadel, die im Nest wie untätig, entmagnetisiert, ruhen und erst von neuem para- oder pseudomagnetische Eigenschaften annehmen, wenn sie durch das Marschieren wieder empfänglich gemacht oder gleichsam wieder geladen werden; denn nichts sagt uns, dass es nicht in einer Welt, die von der Menschenwelt so verschieden ist, eine unserem Magnetismus oder unserer Elektrizität entsprechende Kraft gibt, deren Dasein wir noch nicht ahnen.

Das alles sieht gewiss höchst verwickelt aus, ist aber wohl für die Ameise sehr einfach, deren Organe mit den unsrigen eine mehr scheinbare als wirkliche Ähnlichkeit aufweisen.

So steht die Frage. Man schwimmt noch im offenen Meer und sieht, welche Fülle von seltsamen Geheimnissen die kleinsten Lebewesen in ihrer Tiefe bergen.

Hirtenameisen

I

Man kann wohl ohne zu große Kühnheit behaupten, dass der Urmensch, der viele tausend oder hunderttausend Jahre vor jenem gelebt hat, dessen Spuren wir in den Höhlen wiederfinden, keine Haustiere hielt. Er lebte nur von Wurzeln, wilden Früchten, Weichtieren und der Jagdbeute. Ganz allmählich, nach vielen Jahrtausenden, gelang es ihm, durch zahllose willkürliche Versuche und schwerfällig unklare Gedankengänge, wehrlose Tiere anzulocken, zu zähmen, einzuzäunen, aufzuziehen und zu züchten. Sie lieferten ihm ihre Milch, ihr Fell, ihr eigenes Fleisch und das ihrer Jungen. Von da ab wurde sein Dasein etwas sicherer und ruhiger. Es gab eine Schranke, eine Art Schutzwall zwischen dem Leben und der unerträglichen, immerwährenden Todesdrohung. Dem mühseligen Zeitalter der Jagd, des Fischfangs, des Hungers ohne Gnade folgte das des Hirtenlebens.

Eine ähnliche Stufenfolge ist in der Entwicklung gewisser Ameisenarten wiederzuerkennen. Waren es die intelligenteren unter der großen Menge, die Krieger, Jäger, Plünderer, Räuber, Schnitter blieben und ihren Unterhalt aus der Zufallsbeute des Tages bestritten? Oder verdankten sie ihren Fortschritt lediglich einem freundlichen Geschick, das ihre Aufmerksamkeit auf einen Punkt

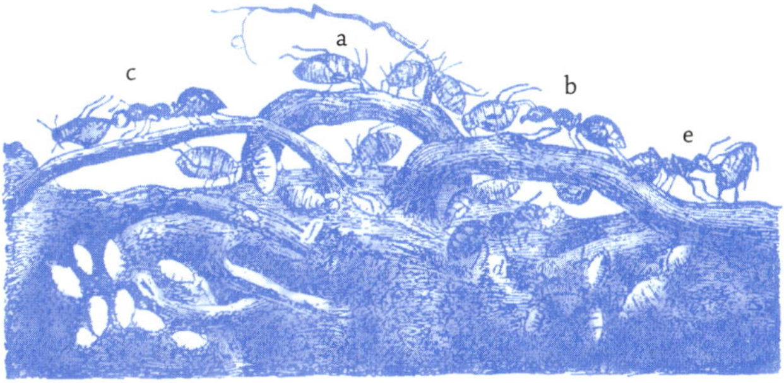

Ameisen *(Lasius umbratus)* und Wurzelläuse (Trama radicis)

lenkte, der den anderen entgangen war? Wann kam ihnen zum ersten Mal jener Gedanke? Darüber wissen wir nichts. Wir kennen ja unsere eigene Geschichte ebenso wenig wie die ihrige. Etliche Exemplare dieser Hirtenrassen, vor allem fast alle unsere Lasius mit ihren Blattläusen finden wir bereits im fossilen Bernstein. Man müsste also weiter zurückgehen als in die Tertiärzeit, das heißt, Jahrtausende oder Jahrmillionen, bevor der Mensch erschien. Aber es fehlen die Belege.

Sehr wahrscheinlich ist die Entdeckung, wie dergleichen auch bei uns zu geschehen pflegt, eines schönen Tages gelegentlich gemacht worden. Aufs Geratewohl umherstreifend, auf der Suche nach der täglichen Honignahrung, kam eine Ameise bei einem Blattlausvölkchen vorbei, das sich an der Spitze eines zarten grünen Zweiges angesammelt hatte. Ein lieblicher, süßer Duft kitzelte ihre Fühler, während ihre kleinen Beinchen in einer Art köstlichen Taus versanken. Der Fund war herrlich und schien unerschöpflich. Sogleich füllte sie ihren Sammelkropf, den der Allgemeinheit dienenden Magen, den Vorratsschlauch der Stadt, zum Bersten voll, kehrte eilends ins Nest zurück, wo sie unter der Begeisterung und Verzückung des rituellen Auswürgens das Gerücht von dem wunderbaren Funde verbreitete. Eine Ära unversieglichen Wohlstands und Glücks kündete sich an. Nach einem freudebebenden Fühlergespräch begaben sich alle in langen Reihen zu dem Märchenquell. Ein neues Zeitalter hob an; sie fühlten sich nicht mehr verlassen in einer Welt, wo ihnen bisher keinerlei Hilfe zuteilgeworden war.

II

Das Beispiel ging nicht verloren; indessen ahmten es durchaus nicht die meisten Ameisen nach. Lag das an der Rasse, der Intelligenz, der Übung, der Gewohnheit oder dem Geschmack? Wer vermag es zu sagen? Es müssen noch Untersuchungen über diesen wichtigen Punkt angestellt werden; denn er kann uns einen interessanten Winkel der Ameisenpsychologie und sogar der Ideen und Absichten der *Anima mundi* enthüllen. Was geschähe, wenn man, wie es im Bereich des Möglichen liegt, von einer Hirtenrasse einen fremden Stamm, der die Viehzucht nicht kennte, als Sklaven, Hausgenossen oder Verbündeten aufnehmen ließe? Höchstwahrscheinlich würde er dem Beispiel seiner Wirte folgen und an ihren Arbeiten teilnehmen. Was aber träte ein, wenn man nach einiger Zeit einen Teil der erst kürzlich Belehrten wieder von ihren Meistern trennte? Würden sie, wie die Menschen an ihrer Stelle, die neuen Methoden, um deren Vorteile sie nun wissen, anwenden? Gründete eines ihrer befruchteten Weibchen eine Kolonie, fänden dann die Jungen den Weg zu den honigtragenden Blattläusen? Gleiche Versuche ließen sich mit den Pilzzüchterinnen und den Webspinnerinnen anstellen, von denen noch die Rede sein wird. Dächten die Adoptivtöchter, Sklavinnen oder Verbündeten der Gärtnerameisen daran, Pilze zu züchten? Oder kämen die sich selbst überlassenen Gefährtinnen der Weberinnen darauf, das ihnen verliehene wunderbare Webschiffchen, dessen Handhabung man ihnen vorgemacht hat, für sich selber anzuwenden? Man sieht und wird es noch oft feststellen, dass trotz allem Erreichten noch viel zu tun übrig bleibt und die unerforschten Gebiete grenzenlos sind.

III

Jedenfalls wissen wir schon, es haben sich nicht alle Ameisen damit begnügt, die zufällige große Entdeckung in alter Weise und mechanisch auszubeuten. Manche haben sie, darin ebenso erfinderisch wie die Menschen, allmählich vervollkommnet und weitergebildet. Zunächst griff die Überzeugung Platz, das rings in der Nähe des Baus weidende Nutzvieh wäre ihr unbestreitbares Eigentum. Sie lernten ihre Blattläuse sammeln, einpferchen, regelmäßig melken oder vielmehr sie durch Streicheln dazu zu bringen, ihre zuckrigen Ausscheidungen zu steigern. Denn es gilt schon einzugestehen, dass es sich hier nicht darum handelt, Milch aus Eutern zu gewinnen, sondern, nicht ganz so idyllisch, Afterausscheidungen zu erleichtern und hervorzurufen. Sie haben ihr Hausvieh gezüchtet und es dahin gebracht, von ein und demselben Tierchen vierzig bis fünfzig Zuckertropfen in der Stunde zu erhalten. Wie der

Viehzüchter unserer Normandie zu seinen Weiden eilt, genauso geschäftig kommen und gehen die Ameisen von ihrem Nest zu den Blatt- und Schildläusen. Sie umgeben ihre Herde mit großer Fürsorge. Die weniger zivilisierten Arten begnügen sich damit, sie zu bewachen und etwaige Marodeure, die auf Honigraub ausgehen, mit ihren drohenden Zangen abzuwehren. Denn der bei den Ameisen viel ältere Kampf ums Dasein, die Eroberung der Naturschätze sind nicht minder heiß und unerbittlich als bei uns. Andere, praktischer veranlagte Stämme, zum Beispiel unsere Lasius-Niger, haben ihren Blattläusen die Flügel abgeschnitten, um jedem Fluchtversuch zuvorzukommen und das Melken zu erleichtern; oder sie haben sie mit einem Gehege umgeben, bauen für sie verdeckte Wege, errichten Unterstände zum Schutze gegen den Regen. Wiederum andere, wie die amerikanische Cremastogaster Pilosa, fertigen Pappkäfige für sie an, um sie vor den Larven des Marienwürmchens, die sehr erpicht auf sie sind, zu bewahren. Manche sind vorsichtiger, richten ihnen im Nest selbst Ställe ein und ziehen sie dort auf. Die Lasius Flavus Umbratus stellt es noch schlauer an. Da sie fast niemals ausgeht und, wie die Termiten, das Tageslicht scheut, hat sie Blattläuse ausfindig gemacht, die ihren Geschmack teilen und nur auf den Wurzeln bestimmter Pflanzen oder Bäume leben. Bei Bedarf holt sie die Tiere auf unterirdischen Wegen von weit her, schleppt sie in die Kuhställe, die sie in der Tiefe ihres Nestes eingerichtet hat; und dort in der Finsternis führt diese ganze Welt ein zufriedenes Leben.

Und noch Überraschenderes: Pierre Huber, dessen Beobachtungen inzwischen von Mordwilko und Webster bestätigt wurden, bemerkte zuerst, dass die Lasius Flavus die Eier ihrer Blattläuse sammelt, deren Junge pflegt und großzieht und sich im Falle einer Panik eifrig bemüht, sie zusammen mit den eigenen Kindern zu retten.

IV

Die Blatt- und Schildläuse bilden aber nicht den ganzen Viehbestand der Ameisen. Sie haben noch eine Art kleiner Insektenspringer gezähmt, deren entomologische Aufzählung langweilig wäre; es darf aber nicht unerwähnt bleiben, auf welche Weise verschiedene Ameisenarten Raupen mit Honigabsonderung, insbesondere die Mütter unserer Argi, die Lycaeneiden, sich zunutze machen. Sie besteigen rittlings die Larve dieser Raupe, die für sie ein riesiges Pferd darstellt, und während sich der apokalyptische, unbekümmerte Wurm mit Atzung vollstopft, streichen ihre Fühler das letzte Glied seines Hinterleibs, das den ersehnten Tau von sich gibt. Jede Ameise oder auch jeder Ameisentrupp verteidigen ihr Reittier hartnäckig gegen Parasiten, die sich ihnen zu nähern suchen, ja sogar gegen den Menschen. Nach den Beobachtungen von Mrs. Willy gehen die Ameisen in Indien vor der Regenzeit auf die Jagd nach ihren Raupen, die später schöne blaue Schmetterlinge werden sollen, schleppen sie weg, beherbergen sie in ihren unterirdischen Gängen und bewachen ihren langen Puppenschlaf bis zum Auskriechen des fertigen Insekts. Schlüpft es aus, dann sind sie ihm behilflich, als verständen sie das Geheimnis der Metamorphose.

Verschiedene Ameisenforscher behaupten, das alles sei nur dem Zufall zuzuschreiben, dem glücklichen Zusammentreffen mancherlei Umstände, woraus sich nach und nach Gewohnheiten entwickelt hätten. Eine Kundschafterin, auf der Suche nach Beute, begegnet einer Blattlaus: Zudringlich stöbernd, vom Zuckergeruch angelockt, betastet sie sie, kostet, es schmeckt ihr, sie findet zufällig den Mechanismus des Melkens. Immer wieder kehrt sie zu ihr zurück; andere folgen, machen es ihr nach, der Brauch breitet sich aus, fasst Wurzel, wird zur Gewohnheit, schließlich zum Instinkt. Eine derartige Ansicht lässt sich wohl vertreten, da man im Gebiet des Unbekannten jede Hypothese wagen darf. Aber welche menschliche Erfindung würde wohl einer solchen Auslegung standhalten.

Die Pilzzüchterinnen

I

Hier begegnen sich die Ameisen mit den Termiten. Man weiß, dass die Termiten nur von Zellulose leben. Sie können sie aber nicht verdauen. Deshalb übertragen sie diese Funktion vorläufig entweder den Geißelprotozoen, die sie zu Millionen in ihren Eingeweiden beherbergen, oder winzigen Pilzen, deren Sporen sie auf einem kunstvoll hergerichteten Kompost aussäen. So legen sie in ihrem Nest große Kulturen sorgsam ausgewählter Pilzarten an, ähnlich wie sie von den Züchtern des essbaren Agaricus in den alten Steinbrüchen der Pariser Umgebung eingerichtet werden.

Haben die Ameisen, die geologisch jünger sind als die Termiten, von ihnen diese Idee übernommen? Es ist gut möglich, dass sie einmal durch Überrumpelung in ein geschwächtes oder schlecht verteidigtes Termitennest eingedrungen sind und dort Pilzgärten in vollem Betrieb vorgefunden haben. Ist es nicht ihr eigenes Werk, so haben sie jedenfalls den für sie darin gelegenen Vorteil erkannt. Und bedeutete das nicht umso mehr, als die Ameise keine Protozoen oder Pilze zur Verdauung nötig hat? Es handelte sich also hierbei keineswegs um eine Lebensnotwendigkeit, welche die geistigen Fähigkeiten aufs Äußerste anspannte und dann in höchster Verzweiflung

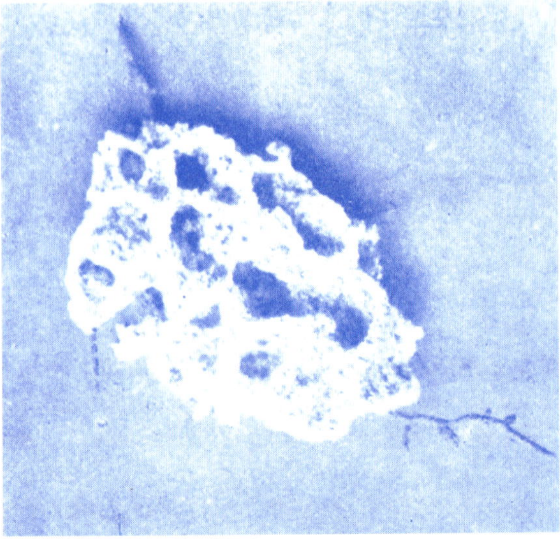

Hängender Pilzgarten einer kleinen *Trachymyrmex*-Art aus Panama

das Wunder erzwang; sondern lediglich um ein einfaches und praktisches Mittel, sich im Zentrum der unterirdischen Stadt eine reichliche, gesunde und stets frische Nahrung zu sichern.

Es sei jedoch darauf hingewiesen, dass die Pilzameisen nicht dieselben Kryptogamen züchten wie die Termiten. Diese kennen nur einen Agaricus und eine Xylaria, die im Ameisennest nicht zu finden sind. Es steht deshalb fest, dass die Ameisen ihre Mistbeete nicht mit Sporen aus dem Termitenbau besät haben. Somit ist der Gedanke der Pilzzucht, wie bei den Termiten, einem glücklichen Zufall zu verdanken, den ihre Intelligenz in bewundernswerter Weise sich zunutze zu machen verstanden hat.

II

In Europa gibt es keine Pilzameisen. Man findet sie nur im tropischen Amerika. Bis zu den jüngsten Arbeiten von Belt, Moeller, Forel, Sampaio und den allerneuesten Forschungsergebnissen Jacob Hubers und Goeldis wusste man nicht, dass sie Pilzzüchterinnen sind; nach dem Zeugnis Mc. Cooks, der jene amerikanischen Arten als Erster beobachtete, nahm man an, sie befassten sich ausschließlich mit dem Einernten und Abschneiden von Blättern bestimmter Bäume. Daher werden sie in den einige vierzig Jahre zurückliegenden Abhandlungen, namentlich in dem vortrefflichen Buch über die Ameisen von Ernest André, noch Blattschneiderameisen, Gastameisen, Maniokaameisen, Schirmameisen, Sauba usw. genannt.

Sie gehören zum mächtigen Stamm der Attineen, großen langbeinigen, auffallend mannigfaltig gestalteten, ebenso gefräßigen wie erfinderischen Tieren. Sie haben sich abseits entwickelt und sind wahrscheinlich Nachkommen gewisser europäischer Ameisen, die bereits dort lebten, wo später Amerika entstand, bevor eine große Erdumwälzung die Neue Welt von der Alten schied. Sie nähren sich einzig von Pilzen, die sie züchten. Mithin hängt ihr Leben stark von ihren unterirdischen Gärten ab; und zum anderen gedeihen ihre Pilze, die Rhozites Gongylophora, oder doch deren »Kohlrabi« – eine Art kleiner, eigentümlicher Kapseln, die sich an den Enden der Pilzfasern entwickeln – nicht ohne ihr Zutun. Tritt die Gründerin einer künftigen Stadt ihren Hochzeitsflug an, dann nimmt sie in Form eines winzigen Pilzfaserklümpchens etwas Heimaterde mit.

Es ist die Saat für die Kammer, wo sie, wie wir noch sehen werden, die Kryptogame züchtet. Die speist sie zunächst aus eigener Kraft mit allem, was ihr Hinterleib enthält, und mit den außerordentlich mächtigen, allmählich aufgezehrten Flügelmuskeln, die sie sich abgerissen hat, als sie nach der Paarung wieder zur Erde fiel.

III

Im Neste der Atta, Attini oder Attineen begegnet man drei Arbeitertypen: den Riesen, die manchmal über sechzehn Millimeter groß sind, immer daheimbleiben und die Tore verteidigen; den mittleren, welche die Blätter ausschneiden, bearbeiten, zerstückeln und aufspeichern; und den kleinsten, die das Nest nicht verlassen, die Sporen säen und den Kompost unterhalten, aus dem die Mistbeete für die Pilze hergestellt werden.

Dieser Kompost erfordert unendliche Mühe. Sie zermalmen, kneten, glätten, düngen ihn mit Hilfe ihrer Exkremente, mit mehligen Substanzen und Maniokakörnern, die seine Gärung beschleunigen. Wer hat schon einmal den essbaren Agaricus gezüchtet? Es ist schwieriger, als man glaubt oder es in den volkstümlichen Anschauungsbüchern behauptet wird. Dort steht, man brauche nur in einer Schublade eine Lage Pferdedung auszubreiten und mit Pilzfasermasse (Mycélium) zu spicken, damit nach einigen Tagen an allen Ecken und Enden kleine weiße Köpfchen wie Zwerge, die nur auf das Zeichen des Zauberers gewartet hätten, herauskommen. Ja, wenn es so einfach wäre! Aber bei zehn Versuchen entsteht fünf-, sechsmal überhaupt nichts; der Dung ist nicht reif, er ist zu warm oder zu kalt, zu trocken oder zu feucht, die Fasern sind zu jung oder zu alt, Nebengärungen treten auf, ein Gewitter macht die Sporen unfruchtbar usw. Kurz, es bedarf einer gewissen Erfahrung, die nur durch Übung erworben wird, das heißt: durch Beobachtung, Nachdenken, Forschen nach den Gründen des Misserfolges, durch fortschreitende Verbesserungen, das Studium der Temperatur, der Feuchtigkeitsmessung, des Lichtes, der Lüftung und was weiß ich noch!

Glaubt man etwa, es gehöre nicht genauso viel und vielleicht noch mehr dazu, die winzigen attinischen Kryptogame zu züchten? Sie sind viel empfindlicher, viel vergänglicher als unsere dicken, derben Agaricus.

Dem deutschen Ameisenforscher Alfred Moeller verdanken wir interessante Beobachtungen über die Art, wie die Acromyrmex, eine südbrasilianische Pilzameise, ihre Gärten anlegt. Jede Gattung hat übrigens ihr eigenes Verfahren, ihre eigenen Kunstgriffe. Daraus erhellt wieder einmal, dass es sich nicht um rein instinktive oder mechanische Arbeiten handelt. Kommt die Acromyrmex zum Nest, so schneidet sie zunächst mit ihren Kiefern, welche sie wie Scheren handhabt, die Blätter in Teilchen etwa von der Größe ihres Kopfes. Diese schabt, schält, poliert, knetet sie dann, formt daraus eine Kugel und rollt sie mit Hilfe von Beinchen und Stirn an einen geeigneten Platz. Nach einigen Stunden reichen die Mycelfäden oder weißen Fasern des Mistbeetes bis zu den am Morgen hingelegten Kügelchen und schon am Nachmittag bedecken sie sie völlig.

Jedoch steckt die Nahrung nicht im Mycel oder in den dünnen Fasern, auch nicht in den Konidien oder Sporen, sondern im sogenannten »Kohlrabi«, den winzigen kugelförmigen Klümpchen, die ein besonderes, künstliches und

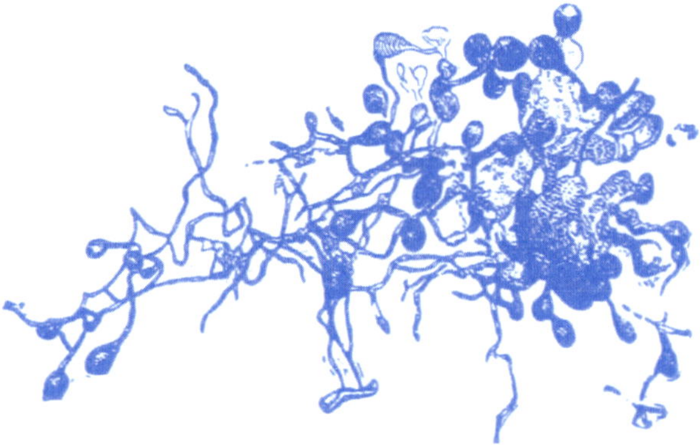

Kohlrabi der Blattschneideameisen

ausschließliches Produkt der Ameisenkultur sind. Um sie zu erzielen, muss vor allem das übermäßige Sprießen des Mycels verhindert werden; dieser Aufgabe widmen sich die kleinsten Arbeiterinnen; sie putzen die Mycelfäden unablässig aus. Zuweilen, wenn ihre Zahl nicht ausreicht, werden sie von jenen überschwemmt, können gegen das Wachstum nicht an, und müssen, wollen sie nicht ersticken, vor dem wandelnden, entfesselten Wald fliehen. Dabei nehmen sie ihre Larven mit, um auch sie vor der faserigen Geißel zu retten; dann werden die »Kohlrabi« zerquetscht und verschwinden, und das künstliche Pilzbeet wird eine natürliche und wilde Pilzpflanzung, es gleicht einem verlassenen Garten, wo das Unkraut überwuchert und die Blumen verschwinden.

Man sieht, es ist alles ebenso verwickelt, ebenso kunstvoll wie das Züchten von Riesenchrysanthemen oder gewissen Orchideen, die der Stolz unserer großen Gärtner sind. Aber warum sollte, sobald es sich um Insekten handelt, nicht mehr von Erfindung, Erfahrung, Verstand, Überlegung, Intelligenz die Rede sein?

IV

Überlieferung, instinktive Fertigkeit, wendet man dagegen ein. Ich glaube nicht, dass man sich in diesem Fall, wie so oft, damit zufriedengeben darf. Wenn Routine oder Überlieferung vorliegt, so muss sie doch wohl eines Tages, genau wie bei uns, durch eine bewusste Handlung begonnen und sich nach und nach herausgebildet haben. Die Erfindung des Düngens zum Beispiel, die Feststellung, es fördere das Wachstum, ist sicherlich nicht angeboren, bei ihr so wenig wie bei uns. Man wird behaupten, die Ameisen lagern ihre Ausscheidungen irgendwo ab und ihre Kulturen ziehen zufällig Nutzen daraus. Das ist nicht richtig. Die Pilzameisen und alle anderen Arten sind sorgfältig darauf bedacht, nicht verwendbare Abfälle, Überreste und Rückstände aus dem Nest zu schaffen. Nichts kann sauberer, reinlicher, besser gehalten sein als ihre unterirdischen Städte. Was sie hier tun, geschieht mit Vorbedacht. Die von Dr. Jacob Huber in freier Natur gemachten fotografischen Aufnahmen zeigen uns deutlich eine Atta, die mit ihren Vorderbeinen ein Stückchen Mycel ergreift, es an das Ende ihres vorher umgebogenen Hinterleibs führt, einen Tropfen von sich gibt, den der Pilzkeim sofort aufsaugt. Jacob Huber sah, wie sie das ein- bis zweimal stündlich wiederholte.

In Wahrheit – und die gleiche Bemerkung trifft auf manche ihrer Handlungen zu – sträuben wir uns dagegen, zuzugeben, dass es auf der Erde noch Wesen gibt, die gleich uns durch ihre Intelligenz oder ihre sittlichen Eigenschaften denselben Anspruch auf geistige Geltung, auf man weiß nicht welche ungewöhnliche Rolle im Weltall, welche Unsterblichkeit und unbestimmte und große Hoffnung erheben könnten. Der Gedanke, sie könnten ein von uns für einmalig angesehenes Vorrecht in dieser Welt mit uns teilen, erschüttert unsere tausendjährigen Illusionen, demütigt, entmutigt uns. Wir sehen, wie sie entstehen, wie sie leben, ihren bescheidenen Pflichten nachkommen und zu Hunderten von Milliarden sterben, ohne eine Spur zu hinterlassen, ohne dass irgendetwas, irgendjemand sich darum kümmerte und sie je ein anderes Ziel erreicht hätten als den Tod. Wir wollen uns nicht eingestehen, dass es mit uns genau so sein muss. Wir empfänden es angenehmer, wenn bei ihnen alles Torheit, Instinkt, Unbewusstheit, Verantwortungslosigkeit wäre. Eines Tages werden auch wir lernen, wie alles auf diesem Erdball es bereits gelernt hat, uns damit zufriedenzugeben, dass wir leben. Es wird unser letztes Ideal sein, das alle anderen Ideale in sich aufgenommen hat. Und wissen wir uns damit abzufinden, dann fühlen wir vielleicht, dass es genügt und jedenfalls ebenso erhaben und nicht so hoffnungslos ist, wie die meisten anderen Idole.

V

Die Attini bewohnen oft riesige Bundesnester. So fand Forel in Columbien eines und erforschte es. Unten an der Basis maß es fünf, sechs Meter Breite und hoch war es drei Fuß. Es wurde von niedrigeren Hügeln und Nebenwohnungen umgeben, die zwei- bis dreihundert Schritt vom Mutterhaus entfernt lagen. Die Verwüstungen dieser mächtigen Ameisen kann man mit denen der Termiten vergleichen. Es bedarf der ganzen Widerstandskraft und Üppigkeit der tropischen Vegetation, um ihnen nicht zu unterliegen. Der Baum, den sie anfallen, ist verloren; alle Blätter werden am Stängel abgeschnitten, fallen zur Erde, wo sie von anderen Ameisen aufgesammelt und in tragbare Stücke zerschnitten werden; von grünem Laub beschattet – daher der Name Schirmameise –, in unabsehbar langen Reihen bringen sie die Blätter zu ihrem Nest. In einer knappen Stunde ist alles beendet; und von dem zum Skelett kahlgefressenen Baum gehen sie zum nächsten; er erleidet das gleiche Schicksal. Sind die Blätter in das Nest eingebracht, werden sie abermals zerteilt, und zwar in ganz winzige Schnitzel. Aus ihnen werden dann nach einer weiteren umständlichen Behandlung die Mistbeete der unterirdischen Gärten gebildet.

Nichts Feenhafteres wäre denkbar, ließen sich diese Gärten auf menschliche Maßstäbe bringen. Man stelle sich eine Landschaft unter Wasser oder auf dem Monde vor, deren fahle, bläuliche Fernen sich unter dem Mikroskop – wie ich es bei einem meiner Freunde in Kalifornien sah – plastisch vertiefen; und in dieser Landschaft eine wuchernde Vegetation von bald sich schlangengleich windenden, bald sich zu Kugeln aufblähenden Pflanzen. Ganze Garben und Sträucher von reglosen, saugenden weißen Flammen leben darin, fließende Flocken, schneeig flaumige Schwämme, ein Gewirr, ein Gewimmel bleichsüchtiger Larven steht da, droht und will sich anscheinend über alles ergießen; fahle Netze spannen sich aus und nebelhafte Haarschweife mit durchsichtigem Eierperlenschmuck, deren Zahl von Stunde zu Stunde wächst.

Zum Schluss wollen wir noch eine sonderbare argentinische Attinee erwähnen, die Atta Vollenweideri, welche

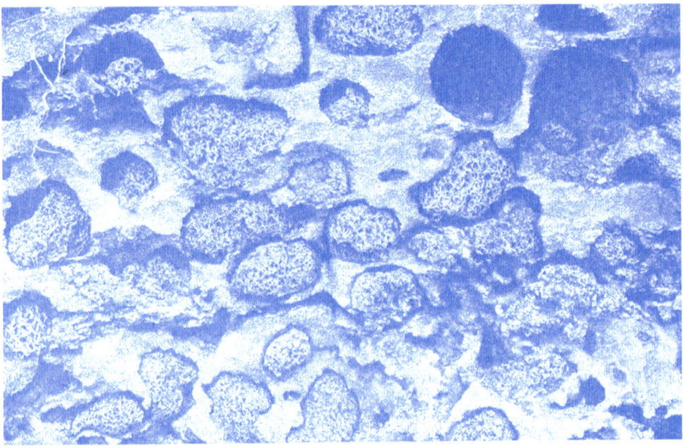

Vergrößerte Ansicht des Nests der *Atta vollenweideri* mit schwamm-artigen Pilzgärten

kürzlich von Dr. Carlos Bruch aus Buenos Aires näher erforscht worden ist. Sie züchtet ihre Pilze nicht in der Tiefe ihrer unterirdischen Nester, sondern an deren Oberfläche in freier Luft. Ihre ausschließliche Nahrung bildet der riesige Pilz Locellina Mazzuchi. Sein Hut erreicht einen Durchmesser von dreißig bis vierzig Zentimetern, und die ganze Pflanze wiegt mitunter drei Kilogramm. Nirgends sonst als auf ihren Nestern findet man sie noch; ebenso kommt der an Umfang kleinere Poroniopsis Bruchi einzig auf dem Bau einer anderen Atta, der Acromyrmex Heyeri, vor. Er geht dort nie aus. Hier, wie bei vielen anderen Punkten, hält es schwer, nur das Werk des Zufalls anzuerkennen und das Einwirken eines vom Verstand hergeleiteten bewussten Willens zu bestreiten.

VI

Die Gründung einer Pilzstadt ist nicht minder schwierig als die eines unserer europäischen Ameisennester. Sie bedeutet ein ebensolches Wagnis, erfordert den gleichen Heroismus, und wird durch die unerlässliche Pilzzucht erschwert. Jacob Huber und Professor Goeldi haben hierüber Moellers Studien ergänzt und zu Ende geführt. Gegenstand ihrer Beobachtungen war auch die Atta Sexdens.

Sobald sich diese Atta in ihrem unterirdischen Hüttchen eingerichtet hat, entledigt sie sich ihres Faserklümpchens und beeilt sich, es auf die geschilderte Art zu düngen und fruchtbar zu machen. Nach einigen Tagen bekommt das Knäuel Leben und strahlt nach allen Richtungen Hyphes, das heißt, zarte, weiße Härchen, aus. Damit ist das Mistbeet fertig, es dehnt sich rasch aus, und die ersten Eier werden darauf abgelegt. Von nun an bis zur Bildung und Geburt der Arbeiterinnen haben die Mutter, die Larven, die Puppen, die Pilzflecken, ja sogar die Eier keine andere Nahrung als ebendiese Eier. Es herrscht völliger, ausschließlicher und bedingungsloser Ovivorismus oder Eierfraß. Schätzungsweise legt die Mutter, bevor der Verbrauch der »Kohlrabi« oder kugelförmigen Klümpchen an dem Mycel einsetzt, den die ersten Arbeiterinnen züchten, stündlich zwei Eier: im Ganzen also etwa zweitausend Stück, wovon achtzehnhundert der allgemeinen Ernährung geopfert werden. Während dieser Zeit nährt sich das Insekt ausschließlich von seinen eigenen Eiern; denn, wie seine Larven und Puppen, rührt es keinesfalls die »Kohlrabi« oder das vorher wachsende Mycel an. Worin beruht aber das

Nest der *Atta vollenweideri* mit Pilzgärten

Geheimnis dieses Werdens aus dem Nichts, dieser Schöpfung im eigentlichsten Sinne des Wortes? Woher nimmt die Ameise den Stoff zu zweitausend Eiern? Sie allein verspeist nur drei- bis vierhundert, so viel etwa, wie sie selber wiegt. Wo liegt das Rätsel dieser immerwährenden Vermehrung im leeren Nichts verborgen? Das Perpetuum mobile, so es das gäbe, könnte nicht merkwürdiger sein. Existiert also doch außerhalb dieser Ameisenmutter ein Unbekanntes und erhält und mehrt ihr Leben? Derartige Wunder vollziehen sich einzig in der unwahrscheinlich fremden Welt der Insekten. Wo steckt die Erklärung für dieses nicht mehr bestrittene Geheimnis? Bisher hat sie niemand gefunden.

Die ackerbau-treibenden Ameisen

I

Nach den Pilzzüchterinnen in der Tiefe dürfen die luftigen Gärtnerinnen nicht vergessen werden. Sie sind winzig klein und in fünf oder sechs verschiedenen Arten vertreten. Ihre barbarischen Namen will ich mir hier schenken. Sie bewohnen hauptsächlich die Ufer des Amazonenstroms und bauen ihre kugelförmigen Nester in dem Geäst der Bäume. Daran wäre nun weiter nichts Besonderes, besäten die Ameisen den Bau nicht mit Epiphyten, die, obwohl sie so aussehen, dennoch keine Schmarotzer sind, sondern kleine Pflänzchen aus der Gattung der Orchideen. Ule hat sich in erster Linie damit beschäftigt und vergleicht sie mit blühenden Schwämmen. Er ist der Meinung, der Samen könne unmöglich vom Wind oder von Vögeln herbeigetragen sein; denn diese Gärten sprießen oft auch an Orten, wo es überhaupt keine Epiphyten gibt; und überdies gedeiht gerade diese Epiphytenart nur in dem von den Attaameisen vorbereiteten Humus. Ein anderer Beweis: Setzt man diesen Attineen eine Beere ihrer Lieblingspflanze vor, so saugen sie den Saft aus und pflanzen den Kern sorgfältig in ihrem Nest ein.

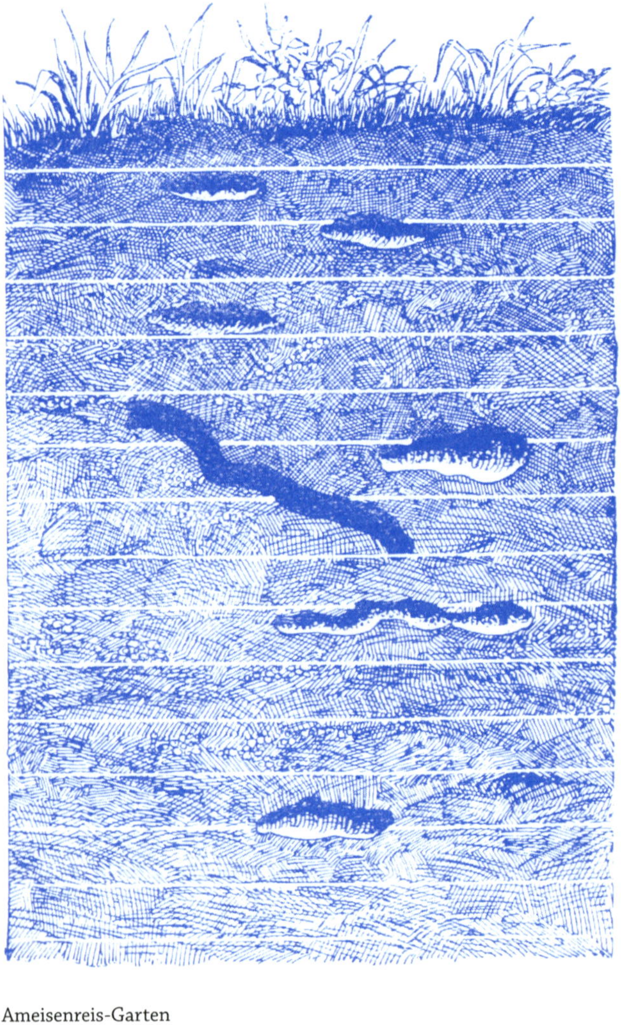

Ameisenreis-Garten

Sie züchten die Pseudoschmarotzer nicht etwa, um sich an ihren Blüten zu erfreuen, sondern um ihre Nester durch die Verwurzelungen der Pflanzen zu befestigen. Damit erhalten die Humuskugeln, die ihnen zur Wohnung dienen, einen so wunderbaren Zusammenhalt, dass sie den heftigsten tropischen Regengüssen und den glühendsten Strahlen der Äquatorsonne standhalten. Aber diese letzten Fragen sind noch nicht gelöst und harren neuer Untersuchungen.

II

Die eigentlichen ackerbautreibenden Ameisen sind die irrtümlicherweise Säerin genannte Pogonomyrmex Molefaciens aus Texas, die in Wahrheit eine Jäterin ist, und die Pogonomyrmex Barbatus aus Mexiko. Ich entsinne mich, auf einem Spaziergang, den ich eines Nachmittags auf meiner Reise von New Orleans nach Los Angeles in der Umgebung der Stadt Houston machte, eines ihrer Nester bewundert zu haben. Man tut gut daran, sie nicht zu stören; denn ihr Stachel verspritzt ein noch wenig bekanntes Gift, das keine Ameisensäure ist, aber eine sehr schmerzhafte Wirkung hat.

Auf den von einer üppigen, zähen Vegetation überwucherten Wiesen säubern sie mit aller Mühe strahlenförmig rings um den Bau einen kreisförmigen Platz, von dem aus wohlgepflegte Wege bis zum Gestrüpp hinführen. Die Tiere dulden und züchten dort nur eine einzige Grasart, nämlich die Arista Oligantha, gewöhnlich Ameisenreis oder Nadelgras genannt.

Lincecum beobachtete diese Ameisen zuerst und gibt an, sie säten diese Gräser an; Mc. Cook aber, der später

Bau der Ernteameise mit Kornkammern

kam, meint, sie begnügen sich damit, alle anderen Pflanzen außer ihrem Lieblingsgetreide zu vernichten. Sie arbeiten wie richtige Pioniere, Gärtner, Ackerbauer. Vor allem tun sie es Holzfällern gleich; denn die hohen subtropischen Gräser sind für so winzige Insekten riesenhafte Bäume, deren Stamm sie mit der Säge angreifen, um alsdann die Krone mit ihrem Körpergewicht umzukippen.

Mc. Cooks Ansicht wird durch Wheeler bestätigt. Während seines vierjährigen Aufenthalts in Texas hatte er Gelegenheit, die fragliche Ameise mit Muße zu beobachten und die Ursache des früheren Irrtums zu entdecken. Die Molefaciens treffen anscheinend nicht die gleichen Vorsichtsmaßregeln wie unsere Ameisen in Algier und Südfrankreich, um das Wiederaufleben der angespeicherten Körner zu verhindern oder wenigstens zu hemmen. Beginnen diese Körner nach einigen Regentagen zu keimen und drohen sie das Nest zu überwuchern und zu ersticken, dann suchen die Tiere die für sie unbrauchbar gewordenen schleunigst loszuwerden. Sie schleppen sie auf den in einer bestimmten Entfernung des Ameisennestes angelegten Kehrichthaufen. Dort schlägt der Abfall Wurzel und bildet jene Reispflanzungen, welche die früheren Forscher irreführten.

III

Diesen ackerbautreibenden oder Gärtnerameisen könnte man jene anderen zuzählen, die zwar nicht säen, aber dennoch ernten und die Ernte einbringen. Die Ameisen der gemäßigten und kalten Zonen sammeln entgegen der allgemeinen Ansicht keinen Wintervorrat. Sie verbringen die kalte Jahreszeit schlafend, tief im Neste. Erst im Frühling erwachen sie wieder, also im Augenblick, da sie im Freien schon das nötige Futter finden. Hingegen die Arten der wärmeren Länder, wo ein milderer, aber unwirtlicher Winter sie nicht einschläfert, denken an die Zukunft und treffen ihre Vorkehrungen. Zu ihnen gehört eine der bekanntesten und besterforschten Ameisen, die Messor Barbarus Südfrankreichs und Algiers, wo sie sehr gefürchtet wird und überaus häufig vorkommt. Besonders J.T. Moggridge, Escherich, Arthur Brauns und Cornetz haben sich mit ihr beschäftigt. Diese großgewachsene Ameise füllt ihre Speicher mit aufgelesenen Körnern einer Reihe von Pflanzen. Sie erntet aber auch gleich vom Stängel und Blumenstiel, die sie abdreht oder mit ihren gezahnten, scherenförmigen Kiefern abschneidet oder absägt. Am Nesteingang wird scharf aufgepasst; Lehrlinge oder Neulinge, die unbekümmert kleine Kiesel, Porzellanscherben oder ungenießbare Sämereien anbringen, werden heftig angefahren und ersucht, ihr wertloses

Zeug gefälligst anderswo abzuladen. Ich will mich nicht bei den tragischen Szenen aufhalten, die sich an den Gangtüren abspielen, wenn es gilt, zu dicke Spelze oder ein Stückchen Ähre, das sich immer wieder sperrt, einzubringen. Dieses Schauspiel kann man tagtäglich zwischen St. Raphael und Mentone haben. Mit einiger Phantasie, und ins Menschliche übertragen, ist es ebenso interessant wie manches andere, dessentwegen man die Riviera besucht.

Wie verhindern die Ernteameisen, dass die Körner in den mit besonderer Sorgfalt auszementierten Scheunen, wo sie zuweilen nach einer bestimmten Ordnung in Haufen aufgestapelt liegen, während der recht feuchten Regenzeit zu keimen beginnen? Die Frage ist von den Ameisenforschern bisher noch nicht geklärt worden. Etliche behaupten, die Ameisen trügen die Körner nötigenfalls in einen Trockenraum, nahe der Oberfläche des Nestes; andere meinen, sie unterzögen sie einer eigenen Behandlung zur vorübergehenden Hemmung ihrer Keimfähigkeit. Denn sobald man sie außerhalb des Ameisennestes ansät, entwickeln sie sich normal. Schließlich aber wird von manchen Gelehrten angenommen, dass die Ameisen, zeigen sich die ersten Wurzelspitzchen, sie einfach abknabbern und gerade durch diese Mälzmethode verdaulich machen. Jedenfalls verspeisen sie die Körner niemals im Rohzustand, sondern zerstoßen, zermalmen, durchkneten sie und machen daraus einen Teig oder einen halbflüssigen Brei. Gewöhnlich werden besondere Soldaten mit dicken Köpfen und riesigen Kiefern zu dieser Bäckerarbeit angestellt. Um nun vom Schlechten und Guten gleichermaßen zu berichten, mag in dem Zusammenhang eine Ernteameise aus der Kaste der Pheidole erwähnt werden, deren Grausamkeit und aufsässige Undankbarkeit zwar in der Welt der Termiten gang und gäbe, in der Welt der Ameisen jedoch ungewöhnlich ist. Am Schluss der Erntezeit, wenn die unglücklichen Müller- und Bäckerknechte überflüssig geworden sind, werden sie auf Geheiß des geheimen Rats der Stadt enthauptet und über die Mauer geworfen; im folgenden Frühjahr wiederum wird den befruchteten Weibchen anbefohlen, die erforderlichen Ersatzmänner zur Welt zu bringen.

IV Die Spinnerinnen

Eigentlich sind sie mehr Baumbewohner als Ackerbauer und nehmen eine besondere Stellung in ihrer Gattung ein. Bei ihnen erreichen Kunstfertigkeit und Gewerbefleiß ihren Höhepunkt. Die vor etwa dreißig Jahren entdeckten oder vielmehr beobachteten Weberameisen Oecophyllas und Polyrhachis finden sich in den tropischen Gegenden Asiens, Afrikas und Australiens. Man hat kürzlich festgestellt, dass der brasilianische Camponotos Senex sein Nest ebenso webt. Die Spinnerinnen sind namentlich in Indochina fast allgemein bekannt. Die Eingeborenen dort schonen und hegen sie; denn sie verteidigen ihre Pflanzungen gegen die Angriffe vieler Parasiten. Bugnon, Doflein, Dodd, Karl Friedrichs, Goeldi u. a. haben sich ihrer Erforschung gewidmet.

Sie beginnen ihren Nestbau damit, dass sie zwei oder drei längliche Blätter auswählen und sie miteinander zu verbinden trachten. Sie klammern sich in einer Reihe, und zwar, nach Dodds Bericht, unter Umständen bis zu hundert, am Rande eines Blattes fest und suchen in gemeinsamer Arbeit mit ihren Kiefern das benachbarte

Blattnest der Weberameise *(Oecophylla smaragdina)*

Blatt zu fassen. Gelingt es ihnen nicht ohne weiteres, bilden sie eine Kette oder Brücke; jede von ihnen packt die Nachbarin am Stiel zwischen Metathorax und Hinterleib, bis es der Ameise ganz vorne gelingt, sich in das andere Blatt einzukrallen und es heranzuziehen. Sind die Ränder so nahe zusammengebracht, dass sie sich fast berühren oder wenigstens in der für richtig erachteten Entfernung befinden, so gilt es, sie in dieser Lage festzuhalten. Jetzt greifen die Spinnerinnen ein. Sie tragen zwischen ihren Kiefern eine Larve, die gerade dabei war, ihren Kokon zu weben, und ihrer eigennützigen Beschäftigung im Interesse des Gemeinwohls entrissen worden ist. Deshalb sind die Larven und Puppen der Spinnerinnen stets nackt; denn ihre ganze verfügbare Seide wird zur Herstellung des Nestes beschlagnahmt. Mit Hilfe des noch klebrigen Fadens, den ihr Werkzeug absondert, verbindet und befestigt die Weberin nun die beiden Ränder und führt dazu ihr lebendes Webschiffchen hin und her. Die übrigen Spinnerinnen, jede mit ihrer Larve zwischen den Zähnen, machen es genau so, und das ganze Blatt entlang wird die Arbeit fortgesponnen, bis das fertiggewebte Nest zu einem riesigen Kokon mit zahllosen Kammern, Zwischenwänden und seidigen Säulchen geworden ist.

V

Hier also zeigt sich zum ersten Mal in der Tierwelt die Anwendung eines Werkzeugs. In der Welt der Insekten, wie auch bei den Säugetieren, der höchsten Stufe aller lebenden Wesen, gibt es dafür kein zweites Beispiel. Man soll zwar zuweilen gesehen haben, dass ein an die Kette gelegter Affe sich eines Stockes bediente, um eine Banane oder eine Nuss heranzuholen, die nicht in Reichweite war. Aber das scheint Zufall und derart ungewiss zu sein und beruht offenbar auf so unklaren Anwandlungen, dass man es unmöglich mit der überlegten und sachgemäßen Anwendung des Webeschiffchens und der Spindel vergleichen kann. Auf keinem anderen Gebiet sind uns die Ameisen so nahe gekommen. Sie haben damit tatsächlich

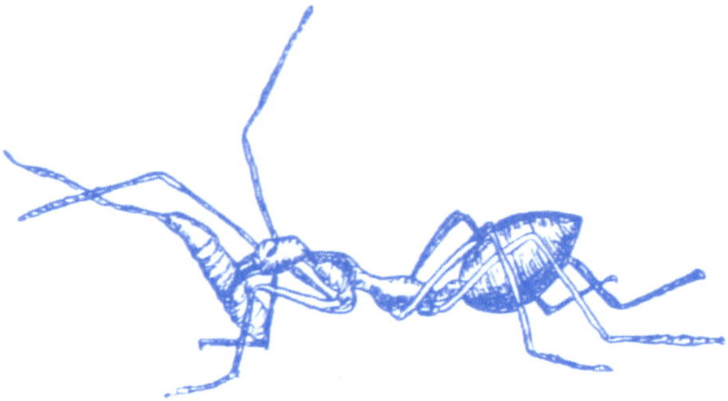

»Lebendes Webschiffchen« der Weberameise

einen Bannkreis überschritten, wie er ähnlich vom Feuer gezogen wird.

Wir wundern uns, dass unsere klügsten Haustiere tagtäglich um einige Millimeter an einer Idee vorbeigehen und sie nicht erfassen. Aber wer sagt uns, ob nicht auch wir an vielem vorbeigehen, das anderen Geistern genauso einfach und selbstverständlich erscheinen muss, wie uns der Gedanke des Werkzeugs – an vielem, das wir vielleicht niemals bemerken werden, obgleich es in jedem Augenblick wie im Kinderspiel heißen könnte: »es brennt«.

Werden die Ameisen weiter kommen? Die Betrachtung ihrer Entwicklung von den paläontologischen Zeiten bis hin auf unsere Tage lässt eine Entscheidung darüber nicht zu. Aber es ist nicht ausgeschlossen, dass uns von dieser Seite, wenn nicht Gefahren, so doch Sorgen bevorstehen, mit denen wir uns werden beschäftigen müssen. Jedenfalls wird ihr Anmarsch so langsam sein, dass wir im Augenblick, da er bedrohlich werden könnte, nicht mehr sein werden; denn offenbar deutet alles darauf hin, dass der Mensch, das letzte Kind dieser Erde, sie als Erster wieder verlässt und ins Ungewisse hinübergeht.

VI Behälterameisen

Die Honig-, Glocken-, Schlauch-, Flaschen-, Behälterameisen, über die ich schon in einem früheren Kapitel einiges sagte, tragen in der offiziellen Entomologie den zwar ungewöhnlichen, aber desto unplastischeren und schwerer einprägsamen Namen Myrmecocystus Melliger.

Ziemlich alles, was wir von ihr wissen, verdanken wir dem Reverend Mc. Cook. Wie die Pilzameisen, bevorzugen sie die warmen Gegenden, obgleich die Natur in anderen Breiten Vor- oder Nachbildungen von ihnen geschaffen hat. So namentlich in dürren Landstrichen, wo sie den weinlesenden Insekten, die einen Vorrat an flüssigen Lebensmitteln haben wollen, unentbehrlich sind. Denn diese haben es noch nicht gelernt, Tonnen, Krüge oder Flaschen zu formen.

Mc. Cook hat sie im Hortus Deorum, dem Garten der Götter Colorados, erforscht. Sie ernähren sich ausschließlich von Honigtropfen, die von den Galläpfeln einer bestimmten Eiche, der Quercus Undulata, ausgeschwitzt werden; damit pumpen sie sich so voll, dass sich der Umfang ihres Hinterleibs verdrei- und vervierfacht. Wem es gelingt, ihn zu verfünf- oder gar zu versechsfachen, rückt zum Rang eines Behälters auf; die betreffenden Tiere werden im Nest weiter vollgefüllt, bis sie das Achtfache ihres normalen Gewichts erreicht haben; dann krallen sie sich mit ihren Vorderbeinen an der Decke einer der in den roten Sandstein geschnittenen zehn oder zwanzig Honigkammern fest und bleiben dort bis an ihr

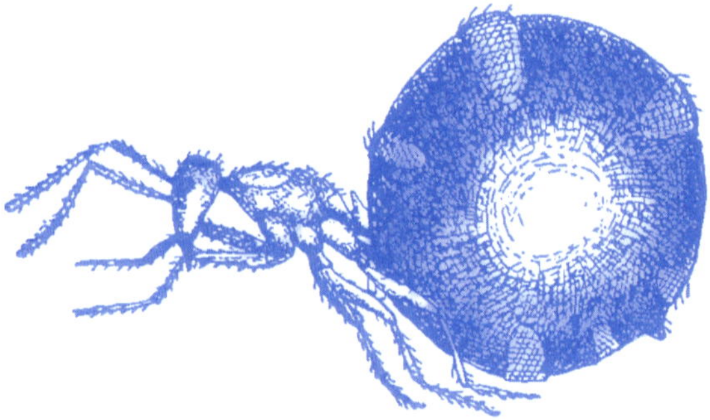

Honigträger von *Myrmecocystus melliger v. hortus deorum*

Ende hängen, ja sogar darüber hinaus, denn oft lösen sich ihre Krallen erst zwei, drei Tage nach ihrem Ableben. Man erkennt zwar die Nachteile des so beschwerlichen, aber ehrenvollen Zustandes, doch fragt man sich, welche Vorteile er bieten mag. Liegen sie in der Wollust des Auswürgens, in einer unwahrscheinlichen Stupidität, in der Befriedigung einer unbegrenzten Eitelkeit oder in den Freuden schrankenloser Hingabe? Was in unserer Welt unglaubhaft schiene, braucht es darum in der Welt der Ameisen nicht zu sein.

Das Insekt erreicht gewöhnlich eine Größe von fünf, auch sechs Millimetern. Ist es zum Bersten aufgeschwollen, wird es ganz durchsichtig und bekommt den Umfang einer Weinbeere, die einen, wie man behauptet, köstlichen und von den Einwohnern des Landes sehr geschätzten Honig enthält.

Das von Mc. Cook untersuchte Ameisennest mit seinen übereinanderliegenden Laufgängen, Speichern und Galerien war etwa drei Meter lang, einen Meter hoch und fünfzig Zentimeter breit, die Tiere hatten es völlig in roten, meist recht brüchigen Sandstein gegraben, der aber wesentlich härter war als Pflanzenerde. Es umfasste zehn Honigkammern. Jede barg einige dreißig lebende Schläuche.

Löst sich durch Zufall einer dieser Ballons von der Decke und plumpst zu Boden, so stürzen sich, wenn er dabei geplatzt ist, die mageren Ameisen auf die zuckerige Beute. Bleibt er heil, so kann er sich weder aufrichten noch auf seinen Posten an der Decke des Vorratskellers zurückgelangen. Trotz der Honiglockung rührt ihn niemand an, es hilft ihm aber auch keiner. Verzweifelt zappelt er mit den Beinen in der Luft herum und stirbt schließlich, manchmal erst nach Monaten, an Ort und Stelle. Dann trennen die Mageren den Brustkorb vom Hinterleib ab und rollen ihn, ohne ihn durch die Berührung mit einem Kiefer zu entweihen, aus der Stadt bis hin an den Ort, der als Totengarten dient. Dort lassen sie ihn liegen.

Das ist in Kürze alles, was man über ihre Lebensgewohnheiten weiß. Ich glaube, die Mond- oder Beteigeuze-Bewohner würden uns nicht fremdartiger und rätselhafter vorkommen.

Wir wollen uns nicht beklagen, dass man hier, wie so oft, den Dingen nicht auf den Grund kommt. Wir werden stets der Spielball des Augenblicks bleiben und dürfen nicht auf das Absolute hoffen. Was erworben ist, bleibt erworben, und Jahrtausende, ja Jahrmillionen liegen vor uns, um aufzuklären, was noch der Lösung harrt. Im Übrigen gibt es dringendere Probleme als dieses, wenn auch alles miteinander in Beziehung steht. Die geringste eindeutige Antwort auf die allerkleinste Frage, mag sie uns vom Antares, einem der »weißen Zwerge«,

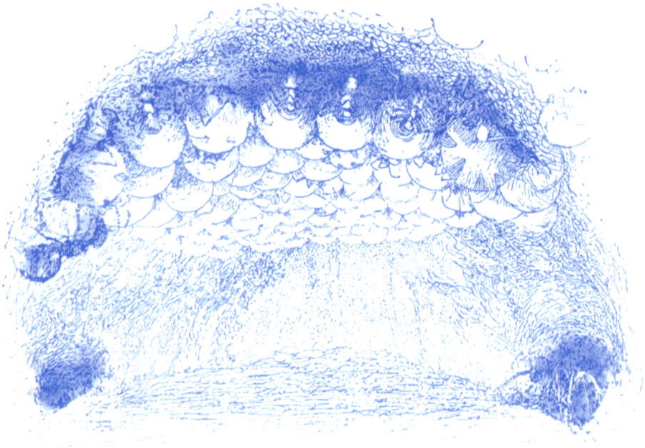

»Honigtöpfe« von *Myrmecocystus horti-deorum*

oder vom Ameisennest kommen, betrifft alles, was uns näher angeht.

VII

Wir wollen diese den Spinnerinnen und Honigameisen gewidmeten Kapitel damit beschließen, dass wir rasch eine Anzahl weniger bedeutsamer Tätigkeiten, mit denen wir uns noch nicht beschäftigt haben, vorüberziehen lassen. Wie wir wissen, ist die Arbeit im Ameisennest viel methodischer und überlegter organisiert, als man nach der wirren, an der Oberfläche des Ameisennestes üblichen Aufgeregtheit vermuten sollte. Nebenbei ist dies scheinbare Durcheinander meistens durch uns hervorgerufen, wenn wir plötzlich vor den Tierchen erscheinen und mit unbedachten Bewegungen sie gleichsam wie mit einem Weltuntergang bedrohen. Im Dunkel der unterirdischen Gänge hat jedes seine ihm zugeteilte Aufgabe, weiß, was es zu tun hat, und führt es sorgsam aus. Kaum ist sie der Schale entschlüpft, bemüht sich die zur Ameise gewordene Puppe schon auf ihren noch ganz weichen, schwankenden Beinen um die Larven und Puppen. Sie füttert sie unaufhörlich, dreht sie hin und her, wendet, bürstet, kämmt, putzt sie und bettet sie um. Den unterirdischen Bau verlässt sie nicht, bevor ihre Glieder und der Chitinpanzer sich gefestigt haben. Erst dann wird sie Kundschafter, Spion, Hirte, Futtersucher, Gärtner, Pilzzüchter, Schnitter, Erdarbeiter, Maurer, Tischler, Honigbehälter, Kriegerin, Amme, Wirtschafterin usw., je nach Rasse, Berufung, Eignung oder je nach den Befehlen des Gemeinschaftsgeistes.

Freilich manchmal ist die Spezialisierung ihr von Geburt an so vorbestimmt, dass sich sogar ihr Körperbau danach richtet. Derartige Veränderungen sind nicht in dem Maße verbreitet wie bei den Termiten, sie sind jedoch ebenso tiefgehend und ebenso durchgreifender Natur. Gewisse Arbeiterinnen hat ihr Schicksal mit einem besonderen Werkzeug ausgerüstet, je nachdem es ihre Aufgabe sein soll, zu sägen, zu schneiden, zu zerstückeln, zu bohren oder zu zermalmen. Wer Soldat wird, erhält zwei-, dreimal so große, scharfe, gefährliche Kiefer wie die anderen. Etliche wieder besitzen Kiefer mit Sprungfedern, sodass sie wie Flöhe springen können und dem verblüfften Gegner entkommen. Der noch wenig bekannte Gast der brasilianischen Urwälder, der geheimnisvolle, riesenäugige Gigantiops Destructor, schwingt sich von Zweig zu Zweig, während die indische Ameise Harpegnatus Cruentatus durch eine Art Spannung ihrer Kinnhaken über einen halben Meter weit zu springen vermag.

Manche sind mit Dornen bedeckt, andere mit Schutzhüllen für ihre zerbrechlichen Fühler versehen. Wüstenbewohnerinnen, die ihr Leben lang Sandkörner karren müssen, haben riesige Köpfe in Form von Spaten oder Löffeln. Man braucht bloß ein paar Gesichter der verschiedenen Arbeiter- und Soldatenarten auf ein Blatt Papier nebeneinanderzulegen, und es wird die unheimlichste Maskensammlung sein, die je ein »Carnavalier« von Nizza oder Venedig erdacht hat.

VIII

In eine der merkwürdigsten Masken vermummt sich der Hauswart oder Torwächter. Richtiger gesagt, ist er gar kein Torwächter, sondern sein zweckentsprechender ungeheuerlicher Kopf ist vielmehr die eigentliche Tür, die wie ein Pfropfen die Nestöffnung genau verschließt. Befindet sich das Nest zum Beispiel in einem Bambusrohr, so nimmt die Stirn des Torwächters Aussehen und Farbe des Rohrs an. Sitzt es im Stamm eines alten Birnbaums, so gleicht die Stirne der Birnbaumrinde. Es gibt eine ganze Menge Zwischenformen des geborenen Torwächters oder Türkopfs: den Halben-, den Nebentorwächter, den Torwächteranwärter, den aus Neigung usw., wobei anscheinend das Organ das Schicksal bestimmt, wenn es nicht umgekehrt ist und das Schicksal das Organ bestimmt.

Ganz neuerdings hat man noch überraschendere Spezialisten entdeckt oder zu entdecken geglaubt: nämlich Feuerwehrameisen. Eine Ameisenforscherin, der wir schon manche interessante und gewissenhafte Beobachtung verdanken, ist Frau Marguerite Combes, die Tochter des großen Botanikers Gaston Bonnier. Sie berichtet in einer im *Journal de psychologie normale et pathologique* abgedruckten Anmerkung und in Mitteilungen an die französische »Entomologische Gesellschaft« – beides wurde dann in einem in der *Revue des Deux Mondes* vom 1. April 1930 erschienenen Artikel zusammengefasst und vervollständigt –, sie habe im Gehege des Laboratoriums für Pflanzenbiologie zu Fontainebleau wiederholt gesehen, wie ein Trupp Formica Rufa einen auf dem Nest angezündeten Wachsstock gemeinsam in Angriff genommen und manchmal binnen zehn Sekunden, dann wieder in zehn Minuten durch Bespritzen mit Ameisensäure gelöscht habe. Oft fielen die Ersten, die sich an die Flamme heranwagten, ihrem Heldenmut zum Opfer. Bei anderen Versuchen löschten die Ameisen – so stellte man einwandfrei fest – einen starken Brenndocht, wie man ihn bei Schüsselwärmern benutzt. Des Öfteren vorgenommene Wiederholungen zeitigten stets den gleichen Erfolg; immerhin muss hinzugefügt werden, dass das Talent zum Feuerlöschen offenbar eine Ausnahme bildet; denn von den sechs Ameisenvölkern der Formica Rufa, die sich in dem von Frau Combes beschriebenen Gehege befinden, besitzt nur ein einziges – und zwar ist es immer wieder dasselbe – diese natürliche Fähigkeit und bewahrt sie sich von Jahr zu Jahr.

Auf den ersten Blick scheinen diese Tatsachen geradezu unglaublich. Woher sollen die Ameisen den Begriff des Feuers kennen? Selbstverständlich hat es im Ameisennest niemals ein Feuer gegeben. Das könnte nur bei Blitzschlag entstehen oder bei Wald- und Präriebränden. Die Ameisen, die es kennenlernen würden, kämen also dabei um und hätten folglich niemals Gelegenheit, Erfahrungen daraus zu ziehen.

Zur Not freilich lässt sich ihre Handlungsweise erklären. Es ist nämlich eine landläufige Beobachtung, dass Ameisen, die sich zum Beispiel in der Nähe einer Flüssigkeit befinden, deren Geruch ihnen lästig ist, so lange mit Erdkügelchen oder Abfällen danach werfen, bis sie aufgesogen ist. Lässt nicht der entsprechende Reflex – wenn man ein so ausgesprochen intelligentes Gebaren als Reflex bezeichnen darf – sie angesichts der Flamme ähnlich handeln?

Frau Combes ist der Meinung, ihre Formica Rufa hätten sich allmählich deshalb an Feuer gewöhnt, weil häufig Zigarettenstummel auf ihr Nest geworfen würden. Vielleicht ist diese einfachste Erklärung die beste. Jedenfalls wäre auch dann die vom Ameisennest bekundete Intelligenz nicht geringer.

Die Formica Rufa kommt in den Gehölzen von Piera-Cava, die sich oberhalb Nizzas, nahe der italienischen Grenze, in 1500 Meter Höhe hinziehen, sehr häufig vor. Auf Schritt und Tritt begegnet man ihren fünfzig bis sechzig Zentimeter hohen Fichtennadelhügeln. Dort habe ich kürzlich mit Lichtstümpfen verschiedener Stärke, Wachsstöckchen und Brenndochten etwa dreißig Versuche gemacht.

Der zwei, drei Zentimeter lange Lichtstumpf, den ich brennend auf den Gipfel des Nestes stellte, wurde, kaum dass sie ihn bemerkt hatten, von den Arbeiterinnen sofort wütend angegriffen; der Alarm verbreitete sich, und bald umgab eine aufgeregte Menge die etwa talergroße Zone, wo die Flamme eine unerträgliche Hitze ausstrahlte; denn das Feuer war drei- bis viermal größer als sie und mithin für ihre Begriffe riesig. Fortwährend stürzte sich eine Arbeiterin gesenkten Kopfs in den höllischen Kreis. Ein knisterndes Geräusch, und der zusammengeschrumpfte Insektenkörper flackerte auf wie ein Streichholz. Immer mehr folgten dem heldenhaften Beispiel oder blieben in der geschmolzenen Wachsfläche, die sich allmählich um das Licht bildete, kleben und erstickten oder wurden verbrüht. Als der Docht zur Seite fiel, verlor die Kerze ihren Halt, und die Flamme erlosch schließlich aus Mangel an Nahrung von selbst. Ich habe aber niemals bemerkt, dass die Ameisen mitbeteiligt gewesen wären. Ich muss sogar gestehen, ich begreife nicht, wie es überhaupt möglich sein sollte; ehe sie nämlich richtig herankommen, rösten sie schon und ersticken. Man müsste dazu eine ganz winzige Flamme etwa ihrer Größe benutzen, doch dann wäre das Licht zu schwach und flackernd, und die Ameisen würden es vielleicht schon beim leisesten Anhauch im Vorübergehen unabsichtlich auslöschen. Feststellen konnte ich immerhin ihren unsinnigen, in der Tat übermenschlichen Heldenmut. Andere werden zweifellos aufschlussreichere Versuche anstellen. Ich habe die meinen aufgegeben, weil sie mir unnötig grausam vorkamen.

Wie ich höre, wird in manchen Wäldern, namentlich bei Compiègne und Fontainebleau, die Formica Rufa immer seltener. Die Menschen, welche zur Fasanenfütterung Eier oder vielmehr Kokons suchen, führen einen erbarmungslosen Krieg gegen sie. Es wäre an der Zeit, wie in Preußen gesetzlich einzuschreiten, um diese schöne Ameise, der man den Beinamen »Polizei der Wälder« gegeben hat, vor völliger Vernichtung zu schützen. Der zuverlässige Ameisenforscher Robert Stümper hat ausgerechnet, dass ein einziges Nest der Formica Rufa täglich über fünfzigtausend Schädlinge, Hautflügler, Kleinschmetterlinge, Raupen usw. vernichtet.

Die Parasiten

I

Die Parasiten werden von der Behaglichkeit, dem Reichtum, der Wärme und Sicherheit des Nestes angelockt und festgehalten. Die allgemeine Duldsamkeit der Ameisen könnte man leicht für Schwäche oder Dummheit halten, wenn sie nicht so häufig heldenhaft und wohlberechnet wäre. Jedenfalls bringt sie es mit sich, dass die schmarotzenden Gäste im Bau in unheimlichen Massen auftreten. Man zählt ihrer heute über zweitausend Arten. Namentlich bei den tropischen Stämmen werden fortwährend neue entdeckt, und ihre Zahl wächst tagtäglich. Wollte ich die ihrer Erforschung gewidmeten Aufsätze und Bücher angeben, so würden dazu fünf, sechs Seiten gerade hinreichen. Im Übrigen ist dieses Kapitel eines der schwierigsten und merkwürdigsten der gesamten Ameisenkunde. Ich verweile lediglich dabei um einiger Beobachtungen willen, die zwar kein unmittelbares, aber zuweilen recht scharfes Licht auf die noch ziemlich ungeklärte und verblüffende Psychologie der Ameisen werfen. Das Parasitentum ist übrigens anscheinend eines der Grundgesetze der Natur und eine ihrer bevorzugten Methoden. Professor J. M. Clarke findet bereits Spuren davon bei den cambrischen Seetieren, also am Uranfang alles Lebens. Damit wird nun keine sehr tröstliche Vorstellung vom Adel der Gefühle unserer ewigen Mutter gegeben, aber die Tatsache lässt sich nicht ableugnen und muss von uns beachtet werden.

Unsere Ameisen in ihrer naiven und unbesonnenen Gastlichkeit führen sozusagen ein offenes Haus und nassauern zunächst in der eigenen Familie. Allerdings leben nur ein paar Arten ausschließlich auf Kosten der unbedingt ehrlichen und arbeitssamen Rassen. Ich will hier nicht auf die Sanguinen, die Amazonen und ähnliche zurückkommen; bei ihnen handelt es sich um eine besondere Form des Parasitentums oder vielmehr um eine gewisse freiwillige Mitarbeit; während nämlich der eine Teil die Stadt mit Nahrung versorgt, verteidigt sie der andere. Die verhältnismäßig harmlose Dorymyrmex Pyramica, eine Zwergameise, sei nur gestreift. Dafür wollen wir auf eine andere, recht niedrig verbrecherischen Charakters hinweisen, die Solenopsis Fugax. Sie lebt ständig unter der Erde, ist fast blind und so klein, dass sie den Blicken und sogar den Fühlern ihrer unglücklichen Wirte entgeht. Diese bösartigen Tiere graben sich in den Behausungen der großen Arten winzige Laufgänge, so auch im Nest der Formica Fusca. Wie in einer Zaubertragödie schießen sie im geeigneten Moment plötzlich aus den Wänden hervor, ergreifen rasch ein Ei, tragen es fort und verzehren es in ihrem heimlichen Versteck mit größter Seelenruhe. Denn die Opfer dieser ständigen Räubereien können sie nicht in ihre engen Laufgänge verfolgen. Man wundert sich, weshalb die großen Ameisen gegen diese winzigen, aber grausamen Werwölfe keine vorbeugenden oder abwehrenden Maßnahmen treffen. Sind sie durch ihre Arbeit zu stark abgelenkt und in Anspruch genommen und bemerken sie nicht? Oder kommen sie nur nicht auf den Gedanken, die mörderischen Gänge zu erweitern

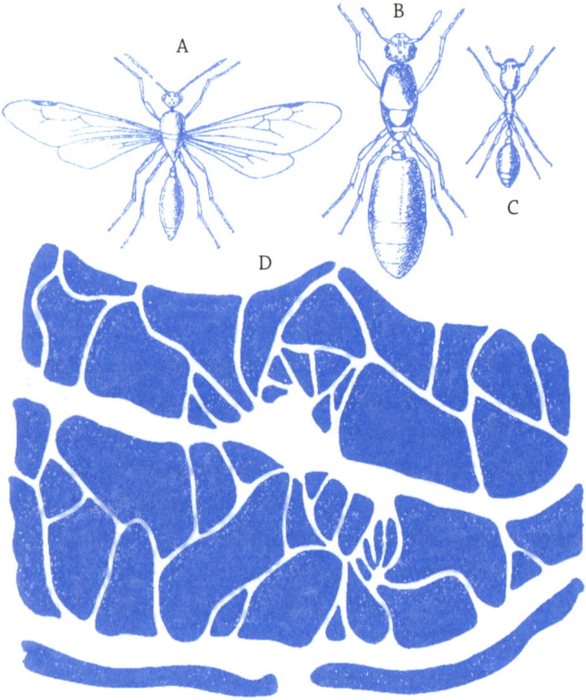

Solenopsis fugax, A Männchen, B Weibchen, C Arbeiter, D Nest mit schmalen »Diebspfaden«, die mit den breiten Gängen der Wirtsameise kommunizieren

und die Öffnungen zu vermauern? Die Frage ist meines Erachtens in den Versuchsnestern bisher noch nicht eingehend geprüft worden. Reißt man jedenfalls eines dieser Doppelnester ein, so macht man die höchst erstaunliche Feststellung, dass die Mörder sich an den Eltern der von ihnen hingemetzelten Kinder rächen und sie mit ihren Bissen verfolgen. Wieder einmal ist es, als wohnten wir

Geschehnissen bei, die sich auf einem anderen Planeten abspielen.

II

Santschi beobachtete die Bothriomyrmex Decapitans. Der Name, den man ihr angehängt hat, ist ebenso barbarisch wie ihre Lebensgewohnheiten. Bei ihr verlassen wir zwar nicht unseren Erdball, fühlen uns aber unmittelbar in das merowingische Zeitalter zurückversetzt. Ihr Witterungsdunst gleicht ungefähr dem ihrer zukünftigen Opfer, so als habe die Natur das Verbrechen, zu dem sie sie gleichsam anstiftet, vorbereitet. Kehrt nun das Insekt von seinem Hochzeitsflug zurück, gelangt es mit Hilfe jener Geruchstäuschung ungestraft in das Nest der Tapinoma Erraticum oder Niggerimum, guter, vertrauensseliger und fleißiger Ameisen. Merklich kleiner als die Tapinomen, aber mit einer Sicherheit, als halte sie bereits das Szepter in der Hand, eilt die Räuberin zu den Sälen, wo die Eier und Larven aufgestapelt sind, trifft dort auf die friedfertigen Königinnen, überwältigt eine, lässt sich rittlings auf ihrem Rücken nieder und schneidet ihr zwischen Nacken und Pronotum den Hals durch. Der Kopf fällt. Voller Entsetzen ergreifen die anderen Königinnen und ein Teil des Volkes die Flucht. Die dem Geburtshaus treu bleibenden Arbeiterinnen erkennen den Usurpator an. Sogleich beginnt die fremde Machthaberin Eier zu legen. Die eingeborene Rasse stirbt nach und nach aus, und das Nest der Tapinomen wird zu einer Kolonie der Bothriomyrmex.

Nach so blutdürstigen Beispielen darf man jedoch die Ameisen nicht beurteilen. Alles in allem kommen auf zehntausend erforschte Arten etwa ein Dutzend, die niemals arbeiten und nur auf Kosten anderer leben. Man muss zugeben, dass das ein erträgliches Verhältnis ist. Bei den Menschen würde es nicht so schmeichelhaft ausfallen.

III

Die Anergates Atratulus führt kein derart dramatisches Leben wie die Bothriomyrmex Decapitans. Dennoch muss ich auch sie erwähnen, weil sie in den entomologischen Annalen eine ziemliche Berühmtheit erlangt hat. Sie ist in mehr bürgerlicher Weise der Typus des geborenen Parasiten. Ihre Königinnen bringen keine Arbeiterinnen hervor, sondern nur Männchen und Weibchen, die einzig an Liebe denken und absolut faul sind und unfähig, sich selber zu ernähren. Kaum ist sie befruchtet, schleicht sich so eine Königin in noch behändem Zustand unbemerkt in das Nest der arbeitsamen Tetramorium Coespitum ein und wird dort, niemand weiß warum, freundschaftlichst aufgenommen. Bei reichlicher Nahrung entwickelt sich ihr Eierstock ganz ungewöhnlich, sie schwillt an wie ein Ballon oder eine Termitenkönigin, wird unförmig und lässt sich, da sie sich nicht mehr bewegen kann, von ihren Hofdamen tragen. Bald überschwemmt sie das Nest mit Eiern und hört nicht mehr auf, zu legen. Die Arbeiterinnen der Tetramorium vernachlässigen nun ihre eigenen Larven zugunsten der fremden Nachkommenschaft und opfern dem Eindringling manchmal sogar ihre Königinnen. Warum solche Bevorzugung und verhängnisvolle Verirrung? Obgleich von Hagens ein und dasselbe Nest jahrelang beobachten konnte und so scharfsinnige

Forscher wie Adlerz, Wasmann, Janet, Wheeler, Crawler und Forel sich mit dieser Frage beschäftigten, hat man noch keine befriedigende Antwort gefunden.

Es ließen sich andere Beispiele anführen, vor allem die Formica Microgyna, ein von Wheeler entdeckter zeitweiliger Parasit, den die Formica Fusca gern bei sich aufnimmt. Schließlich wird sie von ihm verdrängt, und er gründet eine Kolonie, die keine Spur ihres unredlichen Ursprungs mehr trägt. »Ein schönes Gegenstück«, fügt Wheeler an, »zu gewissen menschlichen Einrichtungen, die von einem schüchternen und schleichenden Parasitentum ausgehen und sich im Laufe der Jahrhunderte eine freche Vorherrschaft sichern.«

Andere Parasiten, so die unter Umständen ganz ansehnlichen Platyarthrus, sind zwar nicht schädlich, leisten aber auch keinerlei Dienste und besitzen anscheinend die merkwürdige Gabe, sich vor den Augen der Ameisen unsichtbar zu machen. Obgleich es im Neste von ihnen wimmelt, beachten die Ameisen sie nicht und gehen zwischen ihnen hindurch, als wären sie nicht da. Aber die Platyarthrus zählen nicht zur Gruppe der Verwandten oder Verbündeten, sie gehören also erst in das folgende Kapitel.

IV

Das fremde Parasitentum bereitet uns neue Überraschungen und verpflanzt uns gleichfalls in ebenso wechselnde wie unerwartete Epochen und Welten.

Wir wollen zunächst kurz eine Legion kleiner Schmarotzer, winziger Nutznießer, niedriger Gauner und Marodeure erwähnen. Ihre Wirte verfolgen sie bisweilen, da sie gar zu unverschämt, gefährlich und schädlich sind. Meistens freilich werden sie selbst dann geduldet, wenn sie überhandnehmen. Sie leben bescheiden von den Abfällen des Nestes, suchen einen Siruptropfen zu erhaschen oder verbringen ihre Zeit damit, die nahrhaften Absonderungen ihrer Herren aufzulecken. Sie ähneln mit Beinen versehenen Larven oder auch Krabben, Heimchen, Krebsen, Hummern und sind, da sie ungefähr die Größe ihrer Wirte haben, verhältnismäßig riesenhaft. Diese ganze höllische Menagerie krabbelt ungehindert im Nest herum und erregt bei den geschäftigen, langmütigen Ameisen trotzdem keinen Anstoß. Sie sind sogar stets geneigt, sie zu ihren Gaunereien anzuspornen. Wenn beispielsweise der Atelura Formicaria, ein hässlicher, fetter, kegelförmiger Wurm, merkt, dass sich zwei Arbeiterinnen zum Auswürgen gegenüberstehen, drängt er sich zwischen ihre Kiefer, um den Honig abzufangen. Unsere Tierchen sind weit davon entfernt, den Zudringlichen wegzustoßen, sondern warten freundlich, bis er sich seinen Anteil vom Festmahl genommen hat. Ebenso verhalten sie sich den von Janet, Wasmann, Karawaiew und Wheeler beobachteten unerklärlichen Antennophores gegenüber. Von denen habe ich im *Leben der Termiten* gesprochen. Vielfach trägt sie die Lasius Mixtus. Es sind eine Art verhältnismäßig riesiger Flöhe von etwa der gleichen Größe wie der Kopf ihres Opfers. Gewöhnlich befinden sich auf einer Lasius ihrer drei. Sie haken sich methodisch an ihr fest, und zwar eine unter dem Kinn, die zwei übrigen zu beiden Seiten des Hinterleibs, um den Gang ihres Schutzherrn nicht aus dem Gleichgewicht zu bringen. Er pflegt und nährt sie, als wären es seine eigenen Kinder.

Es muss aber zugegeben werden, etliche dieser wunderlichen Gäste leisten ihrem Wirt gewisse Dienste. Sie verzehren seinen Kot, befreien ihn von den mikroskopischen Milben, die an ihm zehren, und führen Krieg gegen das unsichtbare Ungeziefer, das sonst in den recht porösen Gängen wimmeln würde.

V

Allein das Gros des Parasitenheeres bilden Käfer aller Art und Größe; die finden sich bereits im fossilen Bernstein. Seitdem haben sie Zeit genug gehabt, ihre Organe von Grund auf zu ändern und ausschließlich jenem Parasitenleben anzupassen, wie sie es seit Jahrmillionen führen. Ihre Fühler zum Beispiel haben sich verdickt, um das Auswürgen nachdrücklicher zu verlangen oder um als Griffe zu dienen, die den Transport erleichtern; denn faul wie sie sind, gehen sie niemals selber, sondern lassen sich von ihren Verehrern tragen; ihre Zunge hat sich verkürzt, ihr Mund vergrößert, ihr Brustkorb mit Haaren bedeckt, damit die aromatischen und ätherhaften Absonderungen, die den wundersamen Reiz dieser fremden Gefährten bilden, besser verteilt werden. Einige von ihnen, wie die europäischen Atemeles und die amerikanischen Xenodusen, suchen sich sogar ihre Sommerfrische aus und haben folglich zwei Wohnsitze: Den Winter verbringen sie bei den Formica und den Sommer im Nest der Myrmica.

Obwohl die Parasiten der tropischen Gebiete noch ziemlich unbekannt sind, zählt man heute drei- bis viertausend Arten. Die Ameisen vergöttern sie in solchem Maße, sind ihnen so leidenschaftlich ergeben, dass sie die Larven ihrer Lieblinge sorgfältiger pflegen als die eigenen und sie bei Gefahr zuerst in Sicherheit bringen. Sie sind der einzige Schandfleck, das einzige, aber schwere Laster der sonst so tugendhaften, keuschen, maßvollen, vornehmen und arbeitsamen Republik und erweisen sich bisweilen als eine soziale Geißel. Und für ihre Rasse kann sie ebenso mörderisch und verhängnisvoll werden wie für die Menschheit der Alkohol. Die Parasiten würden, beschränkte nicht ein glücklicher Zufall oder ein vom Schicksal gewollter Irrtum der Natur ihre Vermehrung, jede befallene Kolonie in Tod und sicheres Verderben stürzen. Zunächst geben sie sich mit dem Auswürgen allein nicht zufrieden, sondern verschlingen gerne die Nachkommenschaft ihrer Wirte. Sodann werden die Arbeiterinnen durch sie demoralisiert und gewissermaßen rauschsüchtig, sodass sie den königlichen Larven nicht mehr die nötige sorgsame Pflege angedeihen lassen; sie werden schlecht genährt und bringen nur noch »Pseudogynen«, das heißt, degenerierte und unfruchtbare Weibchen hervor. Man sollte meinen, unter solchen Umständen müssten bestimmte Rassen, vor allem jene, die, wie besonders die Sanguinen, von schlimmen Kostgängern betört sind, vom Erdboden verschwunden sein; aber im Gegenteil! In allen Ländern der Welt sind gerade sie verbreiteter und zahlreicher als alle anderen Arten. Wasmann hat das Rätsel gelöst. Die Sanguinen behandeln nämlich ihre eigenen Larven und die ihrer Hausgenossen in gleicher Weise. Ist der Zeitpunkt der Verpuppung gekommen, dann vergraben sie sie alle durcheinander, damit sie ihre Kokons spinnen können. Hat die Verwandlung sich vollzogen, buddeln sie sie wieder aus, waschen sie und ordnen sie im Nest ein. Die Puppen der Hartflügler aber gehen zugrunde, werden sie nach der Verpuppung aus der Erde genommen. Mithin entgehen nur die dem Tode, welche von den Arbeiterinnen nicht wiedergefunden wurden.

VI

Darob große Meinungsverschiedenheiten bei den Ameisenforschern. Der Jesuit Wasmann sieht darin einen Beweis der mangelnden Intelligenz der Ameisen und eine Kundgebung der göttlichen Weisheit, die das Gleichgewicht in der Natur erhält. Wheeler, unterstützt von Hobhouse, dem Verfasser von *Mind in Evolution,* erklärt, die Torheit einer Ameise, welche die Mörder ihrer Kinder füttert, sei nicht größer als die einer Mutter, die das Glück ihres Kindes dadurch zu sichern glaubt, dass sie es einem Multimillionär verkauft; nicht größer als die eines Inquisitors, der aus christlicher Liebe einen Abtrünnigen verbrennt; eines Kaisers, der im Namen der Zivilisation seinen Truppen befiehlt, keinen Pardon zu geben. Halten wir unsere eigenen Schnitzer, Dummheiten und Vernunftswidrigkeiten neben die der Ameisen, so wird der Vergleich nicht unbedingt zu unseren Gunsten ausfallen. Allein ich glaube, man braucht zur Verteidigung des Falles gar kein so schweres Geschütz aufzufahren. Es ist doch ganz natürlich, dass die arglose Sanguine, wenn sie Tausende ziemlich gleicher Larven pflegt, alle auch ungefähr gleich behandelt. Es wäre viel von ihr verlangt, sollte sie nach dem Massenopfer der Parasitenpuppen ihre Verirrung erkennen. Die Menschen begehen von Jahrhundert zu Jahrhundert noch ganz andere Irrtümer und haben sie bis heute nicht ausgemerzt. Vielleicht hat sich die Erfahrung auch deshalb nicht dem Instinkt des Insekts eingeprägt, weil ein nicht erkennbares, aber höheres Interesse vorlag, dass es nicht geschähe. Sahen wir doch vorhin am Beispiel der Pilz- und Viehzuchtameisen,

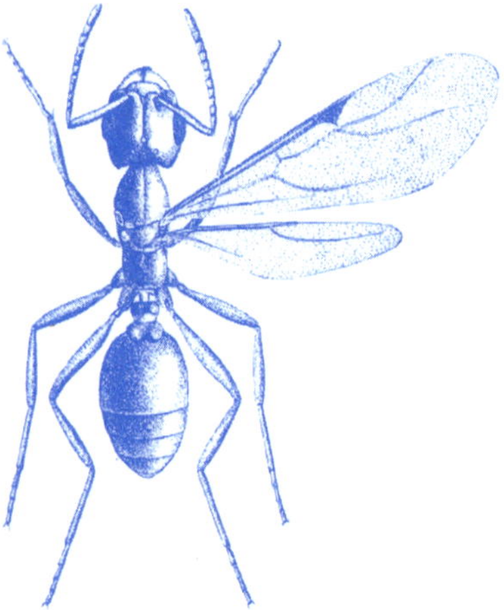

Weibchen der parisitären Ameisenart *Wheeleriella santschii*

wie sie es uns gleichtun und die Lehren der Vergangenheit – haben sie wirklich Nutzen davon – in ihrem Urvätergedächtnis festhalten.

VII

Es sei hinzugefügt, dass die Natur nicht immer das Heilmittel so freundwillig neben das Übel, an dem sie schuld ist, setzt. Die übertriebene Duldsamkeit mancher Kolonien, besonders gegen artgenössische Parasiten, zieht oft den Ruin des gesamten Baus nach sich. Das haben wir im Kapitel *Das Geheimnis des Ameisennestes* am Beispiel der Wheeleriella Santschii gesehen. Durch geschicktes Fühlerstreicheln gewinnt sie die Gunst der Arbeiterinnen der Monomorium Salomonis. Und die geben ihr, sobald die angestammten Königinnen beseitigt sind, den Vorzug. Dann fängt sie an, Eier zu legen, und setzt ihre Rasse an Stelle der ursprünglichen. Da jedoch die Arbeiterinnen der Wheeleriella nicht arbeiten, geht schließlich die ganze Erobererkolonie gerade auf dem Gipfel ihres Triumphs an Entkräftung zugrunde. Man findet entsprechende Beispiele bei anderen Rassen ohne Arbeiterinnen. Die Entomologen nennen sie Anergates. Zum Glück für die Zukunft der Ameisen sind sie ziemlich schwächlich und selten.

Nebenbei erwähnen wir, dass unter den staatenbildenden Insekten die Biene dank ihres gefürchteten Stachels und wohl auch, weil sie nur ein verkümmertes Kollektivorgan besitzt, beinahe parasitenfrei ist. Die puritanischer veranlagte Termite wiederum hat mehr Selbstzucht. Dabei ist sie sicherlich nicht so großzügig, erfindungsreich, phantasiebegabt und künstlerisch wie die Ameise. Sie duldet nur sehr wenige, anscheinend mit Duftdrüsen versehene Parasiten.

VIII

Sicherlich muss das innerste Leben des Ameisennestes inmitten so zahlloser, vielgestaltiger, meist unheimlicher, oft gefährlicher oder anrüchiger und immer lästiger Parasiten von unserm Innenleben recht verschieden sein. Es verläuft wie ein immerwährender Angsttraum in einem furchtbaren, aber vielleicht auch spannenden Zauberstück. Es spielt sich in unendlichen unterirdischen Spukgewölben ab, wo teuflische Gespenster, Geister und Erscheinungen, schlimmer als aus den Bildern von der

Versuchung des heiligen Antonius, aus allen Wänden hervorbrechen, an allen Ecken Wache stehen, auf allen Gängen lauern, alle Kammern überfluten, wo gefräßige Schmeichler, Speichellecker und Galgenstricke ihr Wesen treiben und als Gegengabe für den Honig zweideutige Wollust, Düfte und schädliche Gifte bieten. Wir können uns schwerlich vorstellen, wir kämen von der Arbeit heim und fänden unser Haus von zweitausend verschiedenen Ungeheuern bevölkert vor, eins wäre immer scheußlicher als das andere, sie führten sich dort auf, als wären sie allein, und ihre fixe Idee, ihr einziger Lebenszweck bestünde darin, auf unsere Kosten zu leben. Wir können es nicht verstehen und müssen uns lediglich mit der Feststellung begnügen, dass die kluge Ameise, so leicht es für sie wäre, die ganze Spukwelt, diesen ganzen eklen und verderbenbringenden Mummenschanz nicht etwa mit einem Mal wegfegt, sondern ihn im Gegenteil begünstigt, ermuntert, sich dabei gefällt, ihn als einen unentbehrlichen Luxus ansieht, als den Lohn ihrer Mühe, die Zierde und Freude ihres Hauses; und je intelligenter, fleißiger, reicher und zivilisierter sie ist, umso ungestrafter und willfähriger lässt sie sich ausnutzen. Ihrem Gedeihen schadet das übrigens im allgemeinen nichts. Denn die Formica Fusca ist gegen das gewerbsmäßige Schmarotzertum duldsamer als alle anderen und dabei noch zahlreicher in der ganzen Welt verbreitet als die den Rauschgiften der Hartflügler ergebene Sanguine.

Aber wir sind nicht zuständig. Ich sagte bereits, dass unser inneres und tiefes, also unser einzig wirkliches Leben sich nicht in gleicher Richtung bewegt.

Alle unsere Laster rühren vom Egoismus her, statt Auswüchse des Altruismus zu sein. Wer an seiner Güte und Duldsamkeit zugrunde geht, wird als Heiliger oder

Narr, will sagen, als Eigenbrötler angesehen. Von allen in sozialen Verbänden lebenden Tieren ist einzig der Mensch keinem Parasiten verfallen, ich meine, Parasiten seiner Größe; denn das winzige Ungeziefer kommt überall, selbst auf den Parasiten der Parasiten vor und zählt nicht. Anscheinend ist der eigentliche Grund dafür der, dass er selber der erste und größte Parasit der Erde ist; bis heute hat er alle anderen in Respekt und in Schach gehalten. Wir haben uns allein die Vorteile des Schmarotzertums vorbehalten und üben es nur unter uns aus; deswegen ist es aber um kein Haar besser. Sicherlich würden wir Menschen, ginge es bei uns so zu wie bei den Ameisen, nicht lange widerstehen. Mithin müssen sie viel kräftiger sein als wir, oder ihre Organe sind ihrer verschwenderischen Fähigkeit zur Güte weise angepasst und nach einem anderen Plan ersonnen: Denn wären wir so hilfreich wie sie, hätten wir gleich in den ersten Tagen wieder verschwinden mögen.

Epilog

I

Das also ist etwa das Wesentliche vom Leben der Ameisen. Die Bienen sterben nach einem höchst unsicheren, überlasteten, schwächlichen und schließlich sehr kurzen Knechtsdasein; ihm, wie dem blutdürstigen, in Kerkerhaft verborgenen, barbarischen und mitleidslosen Leben der Termiten ist das der Ameisen unbedingt überlegen.

Wir wollen einen Augenblick annehmen, unsere Sinne wären der Ameisenwelt angepasst, unsere Augen liebten die Dunkelheit, unser Gaumen die Gerichte, unsere Nase die Gerüche, nach denen sie verlangen. Was würde uns so ein Leben, ins Menschliche übertragen, bedeuten? Wäre es im Vergleich zu unserem jetzigen unerträglicher, nutzloser, unerklärlicher, trostloser oder nicht? Sollten die Entdeckungen und Enthüllungen zukünftiger Jahrhunderte unsere Seelen und Körper nicht entscheidend verbessern und umformen? Sieht man überdies von der immer unwahrscheinlicheren Existenz nach dem Tode, von den Jahrtausende unerfüllt gebliebenen Versprechungen auf das Jenseits ab, dann glaube ich, dass die Ameise lange nicht so unglücklich ist wie der Glücklichste unter uns. Als ihre Mutter unter den Qualen und Schrecken, die wir kennengelernt haben, die Kolonie gründete, entrichtete sie offenbar ein für alle Mal den schweren Tribut, den wir unser ganzes Leben lang zahlen. Ist ihre Prüfungszeit überstanden, verlangt das Schicksal nichts mehr von ihr, während für den Menschen die Leiden täglich neu beginnen.

Zunächst – das ist sehr wichtig und der Stützpunkt für alles – hat sie eine unverwüstliche Gesundheit und Lebenskraft. Eine enthauptete Ameise lebt über zwanzig Tage weiter und hält sich bis zum letzten Augenblick auf den Beinen. Ihr Körper ruht in einer Schale, die widerstandsfähiger ist als unsere stärksten Panzer. Er hat faserige Därme und Eingeweide, und die Verdauungstätigkeit ist derart eingeschränkt und nahezu vollkommen, dass sie, in diesem Punkte anders als die widerliche Schmach unseres Leibes, fast keinen Kot zurücklässt. Die Ameise ist nur eine Zusammenballung von Muskeln und Nerven, und nichts vermag eine Vorstellung von der Kraft ihrer Glieder zu geben. Sie hat daran einen so starken Überschuss, dass sie, worauf Rémy de Gourmont hinweist, die Gesetze der Schwerkraft nicht kennt und senkrecht auf- und absteigt, als bewege sie sich auf einer Ebene. Sie weiß auch nichts von Epidemien und all unseren Krankheiten. Man merkt nicht, wann sie tot ist, so leicht kann sie wiederauferstehen. Miss Field hat, was das betrifft, ziemlich grausame, aber überzeugende Versuche gemacht. Von sieben Ameisen, die sie acht Tage lang unter Wasser gesetzt hatte, erwachten vier wieder zum Leben. Andere ließ sie fasten und gab ihnen nichts als ein bisschen Wasser auf einem sterilisierten Schwamm. Neun Formica Subsericea hielten es siebzig bis zu hundertundsechs Tagen dabei aus. Bei den vielen Versuchstieren ereigneten sich jedoch nur drei Fälle von Kannibalismus; und am zwanzigsten, fünfunddreißigsten, zweiundsechzigsten und siebzigsten Fasttag gelang es noch etlichen Halbverhungerten, ihren

Gefährtinnen, deren Zustand offenbar hoffnungslos war, einen Tropfen Honig darzureichen.

Die Ameisen sind nur gegen Kälte empfindlich. Zwar sterben sie nicht daran, sondern schlafen so ein, dass sie in einen wirtschaftlich praktischen Erstarrungszustand geraten und ruhig die Rückkehr der Sonne abwarten.

II

Außer den großen natürlichen Plagen wie Frost, ungewöhnliche Trockenheit, Überschwemmungen, Hungersnot, Feuersbrunst, von denen alles Lebendige auf Erden bedroht wird, außer Kriegen zwischen den Völkern, woraus oft Adoptionen und nützliche Bündnisse entstehen, braucht die allenthalben gefürchtete Ameise nur vor wenig Feinden zurückzuschrecken. Ist sie in ihr unterirdisches Buen Retiro heimgekehrt – man müsste, um seine Lichtseiten zu verstehen, menschliche Maßstäbe anlegen –, dann hat sie nichts mehr zu fürchten, dann findet sie Frieden, Wohlstand und vollkommene Brüderlichkeit. Ich habe sie in künstlichen Nestern außergewöhnlichen Beunruhigungen und Aufregungen ausgesetzt, aber wollte ich sie zur wirklichen Raserei bringen, dass sie gleichsam närrisch wurden, musste ich, um auch nur von ferne etwas wie Bürgerkrieg zu entfachen, Prüfungen ersinnen, denen kein menschliches Gehirn widerstanden hätte. Unter normalen Verhältnissen hat man nie beobachtet, dass sich zwei Ameisen derselben Republik bekämpften, zankten, ihre Geduld und Sanftmut verloren. Während die Bienenköniginnen nicht ruhen, bis sie ihre Nebenbuhlerinnen hingemordet haben, vertragen sich die Ameisenköniginnen aufs Beste und gehen wie Schwestern miteinander um. Gilt es einen Entschluss zu fassen, von dem das Schicksal der Stadt abhängen könnte, beispielsweise das Geburtshaus zu verlassen, auszuwandern, einen gefährlichen Beutezug zu unternehmen, so bemühen sie sich, durch Fühlerstreicheln, vor allem durch eigenes Vorbild jene zu überzeugen, die nicht ihrer Ansicht sind. »Es gelingt ihnen dann«, wie es der diesmal erträglich sentimentale Michelet sehr richtig ausdrückt, »den willigen Zuhörer mitzureißen und an den bezeichneten Ort zu dem bestimmten Gegenstand zu bringen. Handelt es sich um eine vermutlich zweifelhafte und schwer glaubhaft zu machende Sache, schließt sich der überzeugte Zuhörer dem anderen an, und alle beide reißen dritte mit, die ihrerseits nun mit wieder anderen, und so an Zahl ständig wachsend, genau ebenso verfahren. Unsere parlamentarischen Redensarten, wie ›die Zuhörerschaft mit sich fortreißen‹, sind also bei den Ameisen keineswegs nur bildlich gemeint.«

Im Gegensatz zu uns ward ihr das Glück zuteil, für Wollust viel empfänglicher zu sein als für Schmerz. Völlig verstümmelt, weicht sie nicht von ihrer Straße ab und eilt zum Nest, als wäre nichts geschehen. Sobald jedoch eine Schwester sie anbettelt, bleibt sie stehen und teilt mit ihr den Rausch des Honigs.

Bei uns ist das Glück mehr negativ und passiv, und wir fühlen es nur, wenn das Leid fehlt; bei ihr ist es ganz positiv und aktiv und stammt anscheinend von einem besseren Stern. Nach ihrer psychischen und organischen Veranlagung kann sie nur glücklich sein, wenn sie glücklich macht. Sie kennt keine anderen Freuden als die der erfüllten Pflicht, die einzigen, die bei uns keine Reue hinterlassen; freilich kennen die meisten Menschen sie bloß vom Hörensagen. Die Wonnen der Liebe, bei denen wir vermeinen, über uns selbst hinauszuwachsen und aus uns herauszugehen, sind im Grunde nur egoistische Regungen von solcher Dichte und Übersteigerung, dass sie Tod und Vernichtung streifen, also gerade das, was sie eigentlich zu überwinden trachten. Die Ameise kennt andere Wonnen, die sie nicht kleiner machen, sondern zur Entfaltung bringen, sie steigern und ins Unendliche unter ihre zahllosen Schwestern verströmen. Sie lebt im Glück, weil sie in allem lebt, was um sie her ist, weil alle in ihr und für sie leben, wie sie in allen und für alle lebt.

III

Sie lebt überdies in der Unsterblichkeit, weil sie einem Ganzen angehört, das nicht der Vernichtung anheimfallen kann. So seltsam sich zunächst diese Behauptung anhören mag: Die Ameise ist ein tief mystisches Wesen, lebt nur ihrem Gott und kann sich nicht vorstellen, es gebe ein anderes Glück, einen anderen Lebenszweck, als ihm zu dienen, in ihm sich zu vergessen und aufzugehen. Sie ist ganz durchdrungen von der großen Urreligion, dem Totemismus, der ältesten, Jahrtausende zurückreichenden und verbreitetsten Religion, die der Mensch je geübt hat. Der Totemismus ist die Wurzel aller anderen Religionen und aller Götter, ist das erste Suchen, die erste Eroberung des Unvergänglichen durch das Vergängliche. Der Totem war die Kollektivseele des Stammes. »Unsere frühesten Ahnen«, sagt mit Recht der Ägyptologe Alexander Moret, »glaubten ihre Seele in Sicherheit, weil sie dem Totem verbunden war, das heißt einer Tier- oder Pflanzenart, einer Klasse von Dingen, die nicht sämtlich umkommen konnten. Beim Tode des Individuums nahm der Totem die unsterbliche Einzelseele, jenes von ihm zu einem vorübergehenden Dasein ausgesandte Teilchen wieder in sich auf.«

Selbstverständlich wird das alles der Ameise genauso wenig bewusst, wie es unseren Vorfahren bewusst wurde. Nicht was einem bewusst wird, noch was man denkt, übt die tiefsten Wirkungen; allein der eigentliche Wesenskern ihres Daseins liegt darin, und irgendein Instinkt, der zerstreut in allem lebt, was da atmet, raunt es ihr zu. Ihr Totem ist der Geist des Ameisennestes, wie der Totem der Biene der Geist des Bienenstocks ist. Der primitive Mensch hatte den Geist seiner Sippe. Als Ersatz dafür besitzen wir nur noch ein paar flüchtige Schemen, und die werden auch bald verschwinden. Es wird uns nichts bleiben als unser Eintagsdasein; wir werden uns immer einsamer fühlen und je länger, je weniger gegen den Tod gewappnet sein.

IV

Zu Beginn dieser Abhandlung sahen wir, dass sich bereits im Bernstein der Ostsee, mit anderen Worten, im Oligozän und Miozän, also lange vor Erscheinen des Menschen, ebenso zivilisierte Ameisen vorfinden, wie die zivilisiertesten Arten von heute, Ameisen, die Viehzucht treiben und sich Luxuskäfer halten. Sie haben sich demnach im Laufe der Jahrmillionen offenbar nur unwesentlich entwickelt. Woran mag das liegen? Vielleicht daran, dass wie wir bereits sagten, einige Jahrmillionen nicht ausreichen, eine Entwicklung recht in die Erscheinung treten zu lassen. Man ist lediglich auf Vermutungen angewiesen, da ja die Vor-Ameise nicht bekannter ist als der Vor-Mensch. Aber wie auf manchen Inseln noch primitive Menschen wohnen, die ihr Dasein fristen, wie es unsere Ahnen zu Zeiten des Mammuts taten, erhielten sich auch etliche zurückgebliebene Ameisenarten, die der allgemeinen Bewegung nicht gefolgt sind: Dazu gehören in erster Linie die Ponerinen, die, wie man annimmt, von einem älteren Typus aus der Fauna des Erdmittelalters abstammen. Diese letzten Überreste einer seit unvordenklichen Zeiten ausgestorbenen Art sind kaum Volk zu nennen. Ihre Kolonien zählen nur ein paar Dutzend Individuen, ihr Magen ist noch nicht geteilt und spezialisiert. Sie sind fast ausschließlich Insektenfresser und üben nicht die Haupttätigkeit des Ameisennestes: das Auswürgen. Ihr Panzer ist stärker als der der zivilisierten Ameisen, zudem sind sie mit einem gefährlichen Stachel bewehrt; denn da sie so gut wie einsam leben, bedrohen sie größere Gefahren; und da ihr Gemeinschaftsleben ziemlich unsicher ist, sind ihre Larven imstande, sich ohne verwandtschaftliche Hilfe zu ernähren.

Es ist heute sehr schwierig, die Etappen zu verfolgen, die den Aufstieg der elenden Ponerinen zu den höheren Ameisen kennzeichnen; die Erforschung der Ponerinen nämlich, die – seltsam genug – wie unsere letzten wilden Menschenrassen fast ausschließlich in Australien leben, ist noch recht mangelhaft. Zum andern findet sich zwischen der mesozoischen Zeit und dem fossilen Bernstein keinerlei Spur von Ameisen, aber offenbar hat im Dunkel der unermesslichen Sekundärzeit am Ende des Tertiärs das soziale Leben das einsiedlerische Dasein abgelöst und allmählich unser heutiges Ameisennest herausgebildet und entwickelt.

Da wir nicht wie die Ameisen von Hause aus als Altruisten geboren sind, ist unsere Entwicklung den entgegengesetzten Weg gegangen. Der Kollektivunsterblichkeit haben wir die persönliche Unsterblichkeit vorgezogen. Allein wir hegen Zweifel, ob sie möglich ist, und haben inzwischen nur das Gefühl für jene erste verloren. Werden wir es wiederfinden? Der Sozialismus und der Kommunismus, dem wir zusteuern, bilden eine Etappe in dieser Richtung. Werden wir jedoch, da uns das dazu erforderliche Organ fehlt, dabei verweilen und gedeihen können?

Man kann fragen, ob diese erste Hoffnung auf eine kollektive Unsterblichkeit, von der noch ein Funke im Instinkt und in den Gedanken der Familienväter glüht, die in ihren Kindern fortzuleben glauben, nicht schließlich die beste, wohlbegründetste, verständigste war und man nicht eines Tages, wenn alles andere sich als trügerisch erwiesen hat, zu ihr zurückkehrt. Vielleicht müssen wir sogar noch viel weiter gehen und uns endlich mit der kosmischen Unsterblichkeit zufriedengeben, der einzig unstreitigen, unerschütterlich gewissen, die wir zu Unrecht mit der Unsterblichkeit des Nichts verwechseln; denn die kann nicht existieren. Wann aber werden wir Größe genug haben, sie ohne Verzweiflung hinzunehmen?

V

Man sollte meinen, die Natur wisse nicht recht, was sie will, oder vielmehr führe nicht aus, was sie beabsichtigt, so als hielte ihr jemand den Arm fest, damit sie es nicht zu gut mache. In alten nordischen Sagen ist von Zeiten die Rede, da Satan noch die Welt regierte. Sind diese Zeiten vorbei? Oder regiert, wenn nicht die Natur, ein Demiurg, einer unserer zahllosen früheren Götter, Ormuzd oder

Ormazd zum Beispiel, wie die Perser glaubten, der Vater des Lichts und des wenigen Guten, das wir genießen, im Kampf mit Ahriman, dem Fürsten des Bösen und des Nichts? Eine Deutung, auf die man neuerdings wieder irgendwie wird zurückkommen müssen, so wie etwa das Christentum über den Mythos vom Teufel dahin zurückgelangt ist; denn alles scheint ein Verbrechen zu sühnen, das niemand begangen hat, da ja jener, der es bestraft, allein dafür verantwortlich ist.

Sobald Fragen auftauchen, die über das Tellerrund unseres Daseins hinausgehen, können die Antworten bloß ungewiss, stammelnd, primitiv und widerspruchsvoll sein; sie sind seit dem Ursprung der Religionen und der Philosophien erst ein paar Kinderschritte weit vorwärtsgekommen. Unsere Stimme ist nur fest, entschieden, unser Denken entschlossen, wenn es sich um unser Elend, unsere kleinen Leidenschaften, die kleinen Laster und die Essenszeiten handelt.

Hat der Unerforschliche, der uns lenkt, da er selber nicht genau wusste, wo er hinauswollte, mit den Termiten, den Ameisen und den Bienen drei Versuche beabsichtigt, ehe er den Menschen, seinen letzten Gedanken, den Zuletztgekommenen der Tierwelt in die Zeit oder in die Ewigkeit entsandte? Sollten wir der vierte und wahrscheinlich der letzte misslungene Versuch sein? Lässt sich aus den drei früheren irgendeine Schlussfolgerung für unsere eigene Zukunft ziehen?

Das muss man sich gut überlegen. Alles muss befragt werden. Sicherlich wäre es viel besser, sich zunächst an unsere eigenen Elektronen zu wenden, die so alt sind wie die Welt. Da sie alles wissen müssen, würden sie uns alles sagen. Wenn wir reden, sind sie es, die reden, aber sie bewahren Stillschweigen über das, was wir noch nicht verstehen können oder noch nicht verstehen dürfen. Weil sie also versagen, wollen wir uns dem zuwenden, was uns auf dieser Erde am ähnlichsten ist, den staatenbildenden Insekten. Es bleibt uns kein anderer Wegweiser. Sie bilden in ihrer dreifachen Gestalt die einzige Analogie, das einzige Gegenbeispiel, die einzige Vorausdarstellung unseres Schicksals, die wir entdecken können. Dieser dreiteilige Spiegel ist bisher der einzige, worin wir ein Abbild unseres eigenen Geschickes zu suchen vermöchten. So klein die Schauspieler dieses Dramas sein mögen, sie haben gleichwohl ihr Gewicht und ihre Bedeutung; denn wir wissen sehr genau, dass in der Unendlichkeit, in der wir uns alle befinden, die Größe nichts gilt, und was sich in den Himmelsgewölben abspielt, denselben Gesetzen unterworfen ist, wie das Leben in einem Wassertropfen.

VI

Lassen wir einen Augenblick die Termiten und die Bienen beiseite und halten wir uns an die Ameisen. Sie sind also, von den Ponerinen ausgehend, dorthin gelangt, wo sie heute stehen. Wie weit werden sie kommen? Sind sie auf ihrem Höhepunkt angelangt, oder befinden sie sich bereits auf dem Abstieg, wie es die fremden und krankhaften Gärstoffe, welche die Luxusparasiten in ihren zivilisiertesten Republiken aussäen, befürchten lassen könnten? Haben sie noch eine andere Zukunft vor sich? Was erwarten sie? Jahrmillionen sind ein Nichts gewesen, Milliarden und Bbermilliarden Leben sind dahingegangen und haben ebenso wenig gegolten. Was gilt denn überhaupt? Haben sie ihr Ziel erreicht, und welches ist das Ziel? Haben Erde,

Natur, Weltall ein erkennbares Ziel? Warum sollten sie es haben, warum wir? Entstehen, Leben, Vergehen und Wiederbeginnen, bis alles verschwindet, reicht das nicht aus? Jemand öffnet die Augen in der Nacht, erblickt ein Stück Erde oder etwas mehr, ein paar Sterne, ein menschliches Antlitz, und schließt sie dann für immer. Worüber sollte er sich beklagen? Wird es uns dermaleinst anders ergehen? Ist nicht alles – und währte es nur eine Sekunde – doch besser, als nie gewesen zu sein?

Wozu sind wohl die Ameisen nütze gewesen, wozu wir selber, wenn wir den Scheitelpunkt der Kurve erreicht haben? Zu nichts anderem als einigen physikalischen Vorgängen, die wir geistig nennen, wenn sie sich in unserem Hirn abspielen, die Möglichkeit zu geben, sich unendlich viele Male zu wiederholen, zur Not ein paar andere Verbindungen zu finden, deren keine endgültig sein wird, und nichts zu gestalten, was nicht schon da war.

VII

Und endlich, wohin gehen die Ameisen, was wird aus ihnen, wenn sie gestorben sind? Warum soll man diese Fragen belächeln, wenn sie Insekten betreffen, und sie ernst nehmen, wenn es sich um Menschen handelt? Ist dazu der Unterschied zwischen ihnen und uns groß genug? Auf Schritt und Tritt ahnen wir ihre Intelligenz und müssen uns der Wirklichkeit verschließen, um sie nicht anzuerkennen. Wir haben hier nicht mehr Steine, Pflanzen oder dem Trieb unterworfene stumpfe Tiere vor uns, sondern stehen vor Daseinsformen, die nur eine durchsichtige Membrane von der unsrigen trennt; denn es fehlt wenig daran und sie wären in vielen Punkten unseresgleichen; freilich, über diese geheimnisvollen Punkte vermögen wir in unserer Unwissenheit kaum zu urteilen. Kann ein bisschen mehr oder weniger Gehirntätigkeit die Gesetze des Weltalls, der Gerechtigkeit und Ewigkeit von Grund auf ändern, die Unsterblichkeit sichern oder auf ewig unmöglich machen?

Am schwersten können wir uns vorstellen, dass sich nicht in Raum oder Zeit eine Art Grundstock bilden sollte, wo sich die Früchte all jener Erfahrungen, Bemühungen und Kämpfe gegen das Böse, das Elend, das Leiden, die Dummheit, die Materie ansammeln; schwer zu begreifen, dass eines Tages alles hin sein soll, alles wieder von vorne anfangen muss, als wäre nichts geschehen, und das Schlechtere zwar die Leiden verschlimmert und der ganzen Welt schadet, das Bessere jedoch nichts ändert und niemandem helfen kann.

Ist das große Unterscheidungsmerkmal zwischen uns und allem, was da atmet, unsere Unzufriedenheit? Verlangen wir nicht zu viel von einem Planeten zehnter, ja, zehntausendster Ordnung? Er tut, was er kann, und gibt her, was er hat. Aber wer sagt uns, ob die anderen Wesen, die ihn bevölkern, sich nicht gleichfalls beklagen? Sollten wir die Einzigen sein, die etwas Besseres erhoffen? Ist es dieser Gedanke, der uns eine Sonderstellung einräumt? Man fragt sich übrigens, woher er uns kommen mag, da wir unsere Erde ja nie verlassen haben und keine anderen Vorbilder kennen als jene, die sie uns darbietet. Kann der Gedanke, der richtet und verdammt, aus ebendem gebildet sein, was er richtet und verdammt? Da er nun einmal unser ist und er uns von allem unterscheidet, was uns umgibt, wollen wir ihn nicht geringschätzen; denn vielleicht ist es der einzige Gedanke, der uns von jenseits dieser Erde kommt.

Niels Werber

Ameisen als Symbol und als Allegorie

Zu Maurice Maeterlincks *Das Leben der Ameisen*

Beim berühmtesten Naturforscher des 18. Jahrhunderts, dem Schöpfer des modernen biologischen Klassifikationssystems und der lateinischen Taxonomie, Carl von Linné, ist über Ameisen nicht viel zu erfahren. Wer sein Hauptwerk, die *Systema naturæ sistens regna tria naturæ, in classes et ordines, genera et species redacta tabulisque æneis illustrata,* nach einem Eintrag durchsucht, wird zwar unter der Überschrift »Ordo 5: Hymenoptera« fündig, aber einige Zeilen reichen ihm aus. Linné listet alle Hautflügler auf und kommt nach dem Eintrag »Apis« (Bienen) schließlich zur »Formica« (Ameise). Dort werden vier Ameisenarten eigens aufgeführt: 1. *Hyppomyrmex,* 2. *Formica rubra,* 3. *Formica nigra,* 4. *Formica acervorum.* Zu lernen ist außerdem, dass die geschlechtslosen Tiere der Art flügellos auftreten und die Schuppenpanzerung am Hals und Unterleib unterbrochen ist: »Squama erecta thoraci abdominique interjecta. Alae neutris nullae«.[1] Mit anderen Worten: Der Körper der Ameisen ist wie bei allen Insekten in Kopf, Brust (Thorax) und Hinterleib (Abdomen) gegliedert. Dieser Unterteilung in Sektionen verdanken die Insekten ihren Namen. Und sonst: Bei den Ameisen tragen Männchen und Weibchen zwei Flügelpaare, die Neutren nicht. Dass Ameisen sechs Beine haben (»pedes 6«), wird nicht eigens erwähnt, kann aber aus Linnés Systematik deduziert werden. Das ist dann alles. Wozu ein ganzes Buch über Ameisen?

Wer über die Familie der Ameise mehr wissen will als den korrekten Platz in der Klasse der Insekten, Ordnung der Hautflügler und Unterordnung der Taillenwespen, der wird vor dreihundert Jahren eher bei den Fabeldichtern fündig, bei Äsop oder La Fontaine, oder bei den antiken Autoren wie Aristoteles, Vergil oder Aelian. Mit der Ausnahme von Jean de La Fontaine, dessen Fabeln in Französisch geschrieben waren, musste man freilich Griechisch oder Lateinisch können, um diese berühmten Autoren zu lesen. Im deutschsprachigen Raum werden aber wohl immerhin zwei Verse aus der Bibel (*Sprüche* 6, 6–8) bekannt gewesen sein:

> »Geh hin zur Ameise, du Fauler, sieh an ihr Tun und lerne von ihr! Wenn sie auch keinen Fürsten noch Hauptmann noch Herrn hat, so bereitet sie doch ihr Brot im Sommer und sammelt ihre Speise in der Ernte.«

Dass die Ameise *emsig* ist, also fleißig, darf schon im 18. Jahrhundert als Topos gelten. Von der Fabel von der Ameise und der Grille muss man gar nicht gehört haben, um dies zu wissen. Dass die Ameise volkssprachlich auch *Emse* genannt wird, gibt bereits einen Hinweis.

Aber die zitierten Verse aus den *Sprüchen Salomos* sind aus einem ganz anderen Grund viel interessanter als Linnés Taxonomie, weil hier mit großer Autorität betont wird, dass die Ameise auch *ohne* Fürsten, Hauptmann und Herrn sehr gut zurechtkommt, nämlich ihr Einkommen erzielt und auch noch für den Winter zurücklegen kann. Eine erfolgreiche, vorbildliche (»sieh an ihr Tun und lerne von ihr!«) Sozialordnung ohne Hierarchie und Machtspitze darf in der Antike als seltene, ja seltsame Alternative gelten, die das, was sonst selbstverständlich und notwendig zu sein scheint (Fürst, Hauptmann, Herr), kontingent setzt: Es ginge also auch anders als üblich. Wir haben es bei Ameisenstaaten mit einem »leeren Zentrum« und einer unbesetzten Machtspitze zu tun.[2] Der verbreiteten Annahme, dass Sozialordnungen, die nicht monarchisch oder zumindest aristokratisch sind, in ein anarchisches Chaos zurückfielen, unter dem dann alle leiden würden, wird hier widersprochen, denn die herrenlose Ameise »bereitet [...] doch ihr Brot im Sommer und sammelt ihre Speise in der Ernte«.

Es ist diese soziale Ordnung der Ameisen, von der bei Linné nicht mit einem Wort die Rede ist, für die sich die Entomologen im 19. Jahrhundert zu interessieren beginnen. Um dieses Leben der vielen Einzelnen in einer sozialen Einheit geht es auch Maurice Maeterlinck. Es kommt ihm nicht auf die einzelne Ameise an, wie sie in der Fabel Gestalt bekommt und dort ihre eng gefasste Rolle spielen muss wie die anderen Tiere auch: der böse, etwas dümmliche Wolf, der kluge wie listige Fuchs, der dumme Esel, das hilflose Schaf, der königliche, aber launische Löwe, die musische wie sorglose Grille, die fleißige, aber geizige Ameise. Der Plot der schon in der Antike berühmten Fabel *Formica et Cicada*, die von Äsop, Babrius, Heinrich Steinhöwel, Hans Sachs, Jean de La Fontaine, Jean-Jacques Rousseau, Friedrich von Hagedorn, Johann Wilhelm Ludwig Gleim, Francis Barlow oder Thomas Bewick (und vielen anderen) überliefert worden ist und noch Walt Disney 1934 als Vorlage für seinen Animationsfilm The *Grasshopper and the Ants* dient, ist seit Jahrtausenden stabil und geht so:

Eine Ameise wird im Winter, als sie von ihren Vorräten zehrt, von einer halb verhungerten Grille um Nahrung gebeten. Sie erkundigt sich, was die Grille denn den Sommer über getrieben habe, während sie selbst, was nicht expliziert werden muss, da es jeder weiß, gearbeitet habe. »Ich war nicht müßig, denn die ganze Zeit sang ich«, lautet die Antwort der Grille. Die Ameise schließt ihr Korn weg, lacht und antwortet: »Im Sommer sangst du? Nun, im Winter jetzt tanze!«[3] Dies ist so schlagfertig wie zynisch und grausam. Die Lehre (*fabula docet*), die Heinrich Steinhöwel der Fabel um 1500 vorangestellt hat, lautet: »Wer nicht arbeitet, hat nichts zu essen.« Und Thomas Bewick fügt der gleichen Fabel die Lektion hinzu: »Fleiß und zeitige Vorsorge sind gut, Faulheit und Leben in den Tag hinein schlecht.« Die Plattform Disney+ erläutert ganz ähnlich: »A grasshooper learns a lesson about hard work.« Mit diesem Bild der geizigen, grausamen Ameise möchte Maeterlinck nun Schluss machen:

> »Von Äsops Fabel an, deren Quellen sich im prähistorischen Dunkel verlieren, bis zu Jean de La Fontaine war die Ameise das am meisten verleumdete Insekt. Im Gegensatz zur Grille, die man, niemand weiß warum, mit allen leichten und schmückenden Tugenden ausstattete, war die Ameise zum griesgrämigen Sinnbild der Knauserei,

> kleinlicher Missgunst, engherziger, böswilliger, beschränkter und übelster Knickrigkeit geworden.«[4]

Aber endlich könne man der Ameise »Gerechtigkeit wiederfahren« lassen, denn einer »unserer großen Ameisenforscher«, genau genommen, »zeitlich« der erste: »Jean Pierre Huber«, habe die Spezies »rehabilitiert«.[5] Es ist der Schweizer Naturkundler, der 1810 in seinen *Recherches sur les Moeurs des Fourmis indigène* die soziale Ordnung der Ameisen beschrieben und in vielen Dingen als vorbildlich herausgestellt hat:

> »societé? Les fourmis, dont la civilisation paroît plus développée qu'on n'avoit lieu de le croire, dont les meurs n'annoncent qu'harmonie, soins réciproques, égards pour leurs femelles, union et parfaite égalité entre tous«.[6]

Harmonie, Eintracht, Gleichheit, Fürsorge, Rücksicht, Glück zeichnen ihre »Zivilisation« aus, die weit entwickelter zu sein scheint, so Huber, als bislang bekannt, leben sie doch in einer wohleingerichteten, makellosen »Republik«, in der es niemanden gibt, der seine Pflichten nicht erfüllen oder seine Rechte missbrauchen würde.[7] Huber ist zwar nicht der Erste, der die gesellschaftliche, ja republikanische Seite der Ameisen betont, dies haben Voltaire und Lessing auch schon getan[8], aber er ist, ganz wie Maeterlinck herausstellt, wohl einer der Ersten, der dies durch Beobachtungen und Experimente belegt, statt sich auf antike Autoritäten (Aristoteles, Vergil) oder Kirchenväter zu berufen.

Huber kennt die naturkundlichen Forschungen, die ernst zu nehmen sind, auch wenn sie noch keine

Entomologie *lege artis* betrieben haben mögen, ist beispielsweise mit Swammerdam vertraut, der nachgewiesen hat, dass der König des Insektenstaates kein männliches Geschlechtstier ist, sondern ein fruchtbares (und oft das einzige) Weibchen.[9] Die sich ausbildende Myrmekologie (Ameisenkunde) des 19. Jahrhunderts steht damit auf ganz anderen Grundlagen als zuvor und muss sich, wenn sie die soziale Ordnung der Ameisen erforscht, um althergebrachte Überzeugungen nicht mehr scheren. Ins Zentrum der Forschung tritt nun die Frage, wie denn der Ameisenstaat organisiert sei und wie er regiert werde. Wie vermutlich auf allen Feldern der Biologie wird auch hier Charles Darwins Evolutionstheorie einen Paradigmenwechsel einleiten, dessen Ertrag Maeterlinck auf seine Art zusammenstellt, denn er ist schließlich kein Myrmekologe, kein Entomologe, kein Biologe, sondern allenfalls ein Hobbynaturkundler, der gelegentlich Insekten beobachtet hat, und vor allem aber ein Dichter.

***

Genauer: ein 1911 mit dem Nobelpreis ausgezeichneter *poeta laureatus*! Maurice Polydore Marie Bernard Maeterlinck, geboren 1862 in Gent und (vom belgischen König geadelt) 1949 in Nizza als Graf Maeterlinck gestorben, war schon berühmt, als 1930 *La vie des fourmis* erscheint. Das Werk wird noch im selben Jahr ins Englische, Spanische und Deutsche übersetzt. Übertragungen ins Schwedische (1931), Italienische (1932) und Portugiesische (1933) folgten auf dem Fuße. Die Verlage konnten sich des Interesses des Publikums sicher sein, denn bereits Maeterlincks *La vie des abeilles (Das Leben der Bienen*, 1901) war ein herausragender Erfolg. *La vie des termites (Das Leben der Termiten,* 1926) möchte vom Ruhm dieses Werks profitieren, doch hat dieses Plagiat[10] seinem Ruf sicher auch geschadet, und *Das Leben der Ameisen* wetzt diese Scharte insofern aus, als dort viel wortwörtlich zitiert und nachgewiesen wird, wenn Maeterlinck das Wissen über die Ameisen ausbreitet, das er Wheeler, Emery, Forel, Huber, Epinas, McCook, Lubbock, Wasmann, Escherich, Field und vielen mehr zu verdanken hat. Alle werden namentlich genannt.

Über diese Popularisierung des Fachwissens hinaus trägt er selbst, zumindest in der Form origineller Spekulation, zur gelehrten Diskussion bei – und wird bis heute zitiert, wenn vom »spirit of the hive« die Rede ist.[11] Diese Begriffsprägung macht ihn für über hundert Jahre hinweg anschlussfähig in der Insektenforschung, der Soziobiologie, der Evolutionsbiologie und der Schwarmintelligenzforschung, auch wenn man heute, wenn von verteilter und vernetzter Intelligenz die Rede ist, eher an Algorithmen und *simple agents* denken würde[12] als an einen unerklärlichen »Instinkt, der zerstreut in allem lebt, was da atmet«.[13] Man würde den »Geist des Ameisennestes«[14] zurzeit wohl als »Schwarmintelligenz« bezeichnen, jedenfalls bezeichnen beide Begriffe eine Art Zauberwort, das mehr illustriert als erklärt, auf welch »wunderbare« Weise der Kommunikation die sozialen Insekten ihr kollektives »Einvernehmen« herstellen, welches sie gemeinsam, zielgerichtet wie effektiv agieren lässt. Auch die aktuelle Forschung zum »Superorganismus«[15] hat sich von der sog. »Erklärung« Maeterlincks inspirieren lassen, dass

> »nämlich das Ameisennest als Einzelindividuum aufzufassen ist, dessen Zellen, anders als die etwa sechzig Trillionen Zellen unseres Körpers, nicht

> mehr zusammengeballt, sondern getrennt, verstreut und ohne Zusammenhang sind, dabei jedoch trotz ihrer scheinbaren Unabhängigkeit demselben Zentralgesetz unterworfen bleiben«.[16]

Wie immer man es nun auch (heute) nennt oder zu deuten sucht, fest steht für Maeterlinck, und das auch aus heutiger Sicht mit Recht, dass »etwas« die vielen Tausend oder gar Millionen verteilter Einzelameisen zum gemeinsamen Wohl (*res publica*) zum konzertierten Handeln befähigt und dass dabei immer größeren Kolonien immer herausforderndere Gemeinschaftsleistungen gelingen. Maeterlinck bezweifelt, dass uns Menschen dies ähnlich überzeugend gelinge, weil

> »im Gegensatz zu dem, was für Menschenmassen gilt, bei den Gesellschaftsinsekten der kollektive und kumulative Verstand offenbar mit der Anzahl seiner Zellen proportional wächst. Denn die fruchtbarsten Arten und dichtbevölkertsten Kolonien sind gewöhnlich die unternehmendsten, erfindungsreichsten und zivilisiertesten.«[17]

Es fällt auf, aber ich hebe es noch einmal hervor: Mit Blick auf Ameisen unterscheidet Maeterlinck Grade der Zivilisation und Erfindung. Ihre Geschichte ist von einer gesellschaftlichen Entwicklung geprägt, die er ausdrücklich mit der unseren vergleicht, wobei er allerdings, wie sein König Leopold in Kolonialfragen ein Belgier seiner Zeit, »Rasse« und »Kultur« kurzschließt:

> »Von den primitivsten Ameisen, den Ponerinen, welche unmittelbar von der uns unbekannten

> prähistorischen Ameise der frühesten geologischen Zeit abstammen und deren Tätigkeit noch für sich allein geschieht, bis zu den fortgeschrittensten Arten, den Pilzzüchtern, Sklavenhaltern und Handwerkern, von der harmlosesten, friedfertigsten, sich nie verteidigenden Formicoxenus und Myrmecina bis zu den tapfersten, ausdauerndsten Polyergus Rufescens, den Dorylinen und Acitoninen gibt es ungleich mehr Stufen und Übergänge als zwischen unseren vertiertesten Polynesiern oder Feuerländern und den Führern der Menschheit auf dieser Erde, den weißen Völkern.«[18]

Die diskurs- und wissensgeschichtliche Aufarbeitung des entomologischen Rassismus und der Kolonialentomologie (nicht nur bei Maeterlinck) steht noch weitgehend aus.[19] Was die Rezeption von Maeterlinck im 20. Jahrhundert angeht, darf man aber festhalten, dass in seinen (oft überaus problematischen) Vergleichen, Analogien oder Übertragungen zwischen uns und unseren sozialen Errungenschaften auf der einen und den Insekten auf der anderen Seite der Reiz seiner Abhandlungen zu den sozialen Insekten liegt. Deshalb werden sie gelesen und zitiert. Die Frage, die Maeterlincks Schilderungen, Referate und Spekulationen begleitet, lautet: »Was würde uns so ein Leben, ins Menschliche übertragen, bedeuten?«[20]

***

Das Leben der Bienen, *Das Leben der Termiten*, *Das Leben der Ameisen*. Maeterlinck hat, motiviert vom Erfolg des Anfangs, eine Serie produziert, die eine ganz bestimmte

Gattung von Insekten in den Mittelpunkt stellt. Denn eines haben Bienen, Termiten und Ameisen gemeinsam: Sie sind *soziale* Insekten, sie sind nur als Gemeinschaft, als Schwarm, als Nest oder als Staat überlebensfähig. Diese Erkenntnis ist um 1900, als Maeterlinck über die Geheimnisse des Bienenvolkes und seiner Königin schrieb, in Fachkreisen bereits bekannt[21], der breiten Öffentlichkeit aber noch recht neu; dass das große Geschlechtstier im Zentrum des Ameisennestes oder Bienenkorbes kein König ist, sondern eine Königin, dass die sprichwörtlichen Arbeiter und Soldaten unfruchtbare Weibchen sind, dass die männlichen Drohnen im Stock nur eine einzige Funktion, die Befruchtung, zu erfüllen haben, um nach ihrem einzigen Versuch der Pflichterfüllung sofort zu sterben, und vor allem: dass die sogenannte Königin ihren Staat nicht beherrscht und etwa Befehle erteilt oder Aufgaben delegiert, sondern nur ununterbrochen Eier legt, dass Bienen-, Ameisen- und Termitenpopulationen sich also quasi selbst regieren[22] – all das war dem zeitgenössischen Publikum noch weitgehend fremd. Und es war aufregend, über Insekten zu sprechen und damit zugleich auch über weitgehend tabuierte sexuelle und politische Themen.

Auf soziale Insekten blickt Maeterlinck aber nicht mit dem Forschungsinteresse des Entomologen oder Evolutionsbiologen, sondern *symbolisch und allegorisch*, so wie er es als Dichter gelernt hat. Etwas über Bienen zu lesen, so lautete bereits 1901 sein Versprechen[23], heißt immer auch, etwas über die Geheimnisse der menschlichen Existenz und über die Formen unseres Zusammenlebens zu lernen, über Fortpflanzung und Moral, über Trieb und Keuschheit, über Geschlecht und Politik. Die Paarung der Bienenkönigin *symbolisiert* für Maeterlinck beispielsweise eine »reine Liebe«[24], wer dagegen in den Manövern der Bienenschwärme einen neuen »Leviathan« entdeckt, den nur »grobe Augen»« übersehen, weil seine Elemente »Miniaturen« sind[25], der nimmt eine *allegorische* Perspektive ein, die auf Analogien zwischen Insektenstaaten und menschlichen Ordnungen aus ist. Dieses doppelte Interesse bestimmt auch Maeterlincks *Leben der Ameisen*.

***

1911 erhält der belgische Dichter und Dramatiker endlich, nachdem er bereits zweimal nominiert worden ist, den Nobelpreis für Literatur, womit ein Höhepunkt seines Ruhms und seiner Popularität erreicht ist. Es ist gar kein Wunder, dass er und nicht der südafrikanische Autor Eugène Marais zitiert wird, wenn es um die »organic unity« von Insektengesellschaften geht, denn er ist schließlich ein prominenter und hochgeehrter Dichter. Das Komitee jedenfalls lobt sein symbolistisches literarisches Werk, vor allem seine Theaterstücke (»delicately symbolic plays«, i.e. schwer verständlich), würdigt aber auch seine populärwissenschaftliche Arbeit über die Bienen, der ein hohes Maß an Poesie und Resonanz zugeschrieben wird. Der Sekretär des Nobelpreiskomitees, Carl David af Wirsén, hebt in seiner Laudatio am 10.12.1911 hervor:

> »1900 erschien ›La Vie des Abeilles‹ [*Das Leben der Bienen*]. Dieses Buch hatte starke Auswirkungen. Obwohl Maurice Maeterlinck ein leidenschaftlicher Imker ist und das Leben der Bienen genau kennt, war es nicht seine Absicht, eine wissenschaftliche Abhandlung zu verfassen. Sein Buch ist kein Auszug aus der Naturgeschichte, sondern ein

überschwänglich poetisches Werk, voller Reflexionen, deren Summe fast wie ein Eingeständnis der Unwissenheit wirkt. Es ist nutzlos, scheint der Autor zu sagen, zu fragen, ob die seltsame Zusammenarbeit der Bienen, ihre Arbeitsverteilung und ihr soziales Leben das Produkt eines denkenden Geistes sind. Es spielt kaum eine Rolle, ob man den Begriff ›Instinkt‹ oder ›Intelligenz‹ verwendet – sie sind bloß Wege, unsere Unkenntnis in dieser Sache zu offenbaren. Was wir bei Bienen als Instinkt bezeichnen, ist vielleicht kosmischer Natur, die Ausstrahlung einer universellen Seele. Man denkt sofort an Virgils unsterbliche Beschreibung der Bienen, in der er sagt, ein Denker schreibe ihnen einen Anteil an der ›divina mens‹ zu, dem göttlichen Gedanken, dem göttlichen Geist.«[26]

Das Leben der Bienen sei also einerseits als (symbolistische) Dichtung zu lesen, zugleich aber auch als (allegorische) Reflexion über die Geheimnisse der Arbeitsteilung, Zusammenarbeit und Steuerung des sozialen Lebens. Dass der wohl bedeutendste Insektenforscher seiner Zeit, William Morton Wheeler, Maeterlinck enthusiastisch zitiert (»the honey-bee so vividly described by Maeterlinck«), liegt an beidem: seiner dichterischen Sprache und seiner allegorischen Spekulation, deren Wheeler sich ebenfalls nicht enthält[27]: Er vergleicht seine Überlegungen zu sozialen Insekten immer wieder mit den sozialen Ordnungen der Menschen und redet einer an der Entomologie geschulten Soziobiologie das Wort, die uns besser erklären und anleiten könne als alle anderen Wissenschaften vom Menschen.[28] Es ist auch in der vermeintlich ›objektiven‹ natur- und lebenswissenschaftlichen

Forschung zu sozialen Insekten bis heute nachgerade typisch, aufgrund haarsträubender Analogien die absurdesten Thesen für die Verbesserung unserer Gesellschaftsordnung zu formulieren.[29] Ameisen und Menschen werden gleichgesetzt, um dann Schlüsse zu ziehen, die entomologisch plausibel, soziologisch aber vollkommen unsinnig sind. »Wherein do these [ant societies, NW] differ from the common necessities and aims of men in their social aggregations? They are practically the same«, konstatiert McCook 1909.[30] Na dann. Man möge doch bitte die »planvolle Arbeiterorganisation« des »Insektenstaates« als »Vorbild« für den deutschen Staat der Zukunft erkennen, zieht ein deutscher Entomologe die Konsequenz.[31] Aus dem numinosen »hive mind« wird dann der Führerwille, der (auf irgendeine wunderbare Weise) den wahren und unfehlbaren Volkswillen repräsentiere.

Das Leben der Ameisen konnte 1930 deshalb so prominent und in mehreren Sprachen zugleich publiziert werden, weil Maeterlinck ein Nobelpreisträger für Literatur war und weil er bereits zugängliche und tatsächlich auch von vielen rezipierte Texte über Insekten geschrieben hatte. Vom »gap« zwischen Hochkultur und Populärkultur[32] hat Maeterlinck sich nicht aufhalten lassen: Er repräsentiert als Dichter den Pantheon der Hochkultur (Nobelpreis), aber wer sich für die spannenden Geheimnisse des Bienenstaates, der Termitenbauten oder der Ameisenkönigin interessiert, kann zu seinen Schriften greifen, ohne sich allzu viele Sorgen darüber machen zu müssen, mühselig nach versteckten Bedeutungen (»poetic treasures«, »a poetry that is strange and sometimes bizarre«)[33] suchen zu müssen. *Das Leben der Ameisen* macht ein doppeltes Versprechen: Partizipation an einer exklusiven Hochkultur, die Vermittlung von bedeutendem Wissen, aber zugleich ein inklusives, populäres Lesevergnügen. Die Erfolgsformel des seriellen Angebots lautet: Wer sich bereits für *Das Leben der Bienen* oder *Das Leben der Termiten* begeistern konnte, der wird mit dem *Leben der Ameisen* kaum etwas falsch machen. Wenn Ihnen dies gefallen hat, gefällt Ihnen sicher auch das … Ein Ameisenalgorithmus, wie wir ihn vom Versandkaufhaus *Amazon* kennen, *avant la lettre*.[34]

***

Ob es sich um Expeditionen handelt, die neue Nahrungsmittel erschließen, um die Auswahl eines neuen Standortes für den Ameisenbau und seine Anlage mit all den Kammern und Gängen, Wällen und Straßen, um die Etablierung kurzer Transportverbindungen zum Nest, um die richtige demografische Balance zwischen Arbeiterinnen, Drohnen und Nymphen, um Arbeitsteilung und Spezialisierung, um die Regulierung der Ökonomie zwischen Verbrauch und Vorsorge, um die Entscheidung über kriegerische Unternehmungen oder die Organisation der Verteidigung des Staates gegen Feinde – warum machen Ameisen anscheinend alles und fast immer richtig?

Die evolutionstheoretische Antwort lautet: weil alle Arten, die diese Probleme nicht gelöst haben, ausgestorben sind. Soziale Insekten sind deswegen so weit verbreitet, bewunderungswürdig organisiert und effizient im Umgang mit ihren Mitteln und Ressourcen, weil darin ein evolutionärer Vorteil gegenüber nichtsozialen Spezies gelegen hat. Maeterlinck argumentiert nicht evolutionstheoretisch, Begriffe wie Selektion, Zuchtwahl, Auslese, Variation, Anpassung kommen bei ihm nicht vor. An die Stelle der Evolutionstheorie tritt bei ihm jenes »Geheimnis«, das bisher noch »niemand gefunden« habe.[35] Mit Darwin, den Maeterlinck nicht zitiert, ließe sich dazu schon etwas mehr sagen. Weil auch die Gewährsleute Maeterlincks wie Wheeler und Cook allesamt Darwinisten sind, sei der Stand der Forschung hier kurz skizziert, der im *Leben der Ameisen* eine auffällige Leerstelle ausmacht.

Die Sozialdimension der Insekten, die ja auch Maeterlinck besonders fasziniert, gerät nach der Publikation von Charles Darwins epochaler Abhandlung über die *Entstehung der Arten* im Jahre 1859 in den Fokus der modernen entomologischen Forschung, weil Darwin in seinen Überlegungen zu den Ameisenstaaten die äußerst fruchtbaren Fragen aufwirft, wie die Entstehung sozialen Verhaltens überhaupt evolutionstheoretisch erklärt werden kann und wie es möglich ist, soziales Verhalten zu vererben, da doch allein die Königin fruchtbar ist und Tausende von Arbeiterinnen ohne Nachkommen sterben. Andersherum formuliert: Warum sollten Myriaden von Arbeiterinnen ihr ganzes Leben lang für ihre Mutter arbeiten, statt sich selbst zu vermehren, um das eigene Erbe weiterzugeben? Wenn sich Darwins Evolutionstheorie, mit einem Schlagwort von Richard Dawkins, auf einen »Egoismus der Gene« zurückführen lässt[36], stellen die Gene der sterilen Ameisen eine besondere Herausforderung dar, denn sie scheinen, auf den ersten Blick jedenfalls, kein Interesse an ihrer Reproduktion zu haben. Warum opfern sich die Ameisen mutig für das Ganze auf, wie ja auch Maeterlinck immer wieder bewundernd herausstellt[37], wenn sie als Individuen nicht den geringsten Vorteil davon zu haben scheinen, da die tapferen Soldatinnen und unermüdlichen Arbeiterinnen kinderlos bleiben?

Vor dem Hintergrund der darwinistischen Grundformeln »survival of the fittest« und »natural selection« stellt es sich als Rätsel dar, warum geschlechtsneutrale Ameisen für das Wohlergehen und die Sicherheit der Brut eines anderen Individuums leben und sterben.[38] Warum ordnen sie ihre existenziellen Eigeninteressen dem Nutzen für den Nachwuchs ihrer Mutter und Königin unter? Da die Arbeiterinnen selbst als Neutren ohne eigenen Nachwuchs bleiben, könnten sie das »Darwinistische Spiel« ums Überleben[39], wie Edward O. Wilson es genannt hat, ja recht nonchalant spielen und das eigene Leben in hedonistischer Muße genießen, denn ihre eigenen Gene würden ohnehin mit ihnen sterben. Sie vererben nichts, wozu sich also abmühen?

Aber damit nicht genug. Darwin fragte weiter, wie diese sterile Gruppe überhaupt entstehen konnte, wenn sie doch keinen Nachwuchs hinterlässt.[40] Wer soll hier etwas vererben? Müsste nicht jede Spezialisierung und alles *know-how* der Arbeiterinnen mit ihnen ins Grab gehen? Verschärft wird das zu lösende Problem, wenn man davon ausgehen muss, dass diese nicht reproduktionsfähige Gruppe in weitere morphologisch distinkte Kasten differenziert ist, Soldaten, Scouts, Nahrungssammler, Vorratsameisen mit gigantischem Kropf, Ammen, Träger, Türschließer et cetera, alle von ganz unterschiedlicher Gestalt, alle steril und alle ohne Erben.

»Anzugeben, wie diese Arbeiter steril geworden sind, ist eine große Schwierigkeit«, gesteht Charles Darwin in *On the Origin of Species*.[41] Die Herausforderung liege darin, die seltsame Tatsache zu erklären, dass die geschlechtslosen Arbeiterinnen »bedeutend von ihren Eltern verschieden« seien, »jedoch absolut unfruchtbar«, und sie »daher sukzessiv *erworbene* Abänderungen des Baues oder Instinktes *nie* auf eine Nachkommenschaft *weitervererben*« können. Darwin fährt so fort: »Man kann daher wohl fragen, wie es möglich sei, diesen Fall mit der natürlichen Zuchtwahl in Einklang zu bringen?«[42]

Es sind die Ausnahmen, die eine Theorie herausfordern. Darwins Vorschlag zur Lösung der Frage ist wegweisend. Im Falle der »geselligen Insekten« sei die natürliche Zuchtwahl nicht »auf das Individuum« zu beschränken, sondern »auf die Familie« auszuweiten. Denn die Instanz, die dem Sturm der Selektion standhält, sei in diesem Falle nicht der Einzelne, sondern eine Gruppe von Verwandten.[43] Wenn sich Eigenschaften der unfruchtbaren Arbeiterinnen als »nützlich« für die gesamte »Gemeinde« erweisen, etwa weil sie, statt sich selbst zu vermehren, die Brut der »Gemeinde« hegen, die Königin versorgen, das Nest schützen und so weiter, erhöhen diese zunächst »unbedeutenden Modifikationen« die evolutionären Chancen des Nestes als Ganzem. Folglich werden allein solche »Gemeinden« aus der unerbittlichen Konkurrenz mit anderen positiv selektiert, deren »fruchtbare Männchen und Weibchen« in der Lage gewesen seien, weitere, so Darwin,

> »unfruchtbare Glieder mit denselben Modifikationen hervorzubringen. Dieser Vorgang muss vielmals wiederholt worden sein, bis diese Verschiedenheit zwischen den fruchtbaren und unfruchtbaren Weibchen einer und derselben Spezies zu der wunderbaren Höhe gedieh, wie wir sie jetzt bei vielen gesellig lebenden Insekten wahrnehmen.«[44]

Die Ausdifferenzierung neutraler und überdies äußerst nützlicher Kasten hat sich als evolutionärer Vorteil für die »Gemeinde« erwiesen[45], und deshalb wird die Eigenschaft, derartige Kasten zu reproduzieren, von den Geschlechtstieren vererbt. Das Leben in einer *Polis* wird von Darwin als Selektionsvorteil der betreffenden Art angesehen. Die Frage der sozialen Ordnung und ihrer konkreten Ausgestaltung und Weiterentwicklung wird so zu einem evolutionären Faktor. Es liegt sehr nahe, nach den evolutionären Vorzügen von Gesellschaften für *unsere* Spezies zu fragen. Darwin öffnet hier eine neue Tür für Vergleiche zwischen Tier und Mensch:

> »So ist nach meiner Meinung die wunderbare Erscheinung von zwei Kasten unfruchtbarer Arbeiter schon scharf bestimmter Form in einerlei Nest zu erklären, welche beide sehr voneinander und von ihren Eltern verschieden sind. Wir können einsehen, wie nützlich ihr Auftreten für eine *soziale Ameisengemeinde* gewesen ist, *nach demselben Prinzip*, nach welchem die *Teilung der Arbeit für die zivilisierten Menschen nützlich* ist.«[46]

Mit dieser Beobachtung wäre Maeterlinck völlig einverstanden gewesen, doch den evolutionstheoretischen Erklärungsversuch, den er aus den Werken von Wheeler oder Escherich kennen müsste, erwähnt er nicht einmal. Man könnte vermuten, dass er mit seinen Beschreibungen der »sozialen Ameisengemeinde« und ihrer »Teilung der Arbeit« die Natur der Insekten verrätselt oder mystifiziert. Denn seine »Übertragungen« aus der Welt der Ameisen auf die Welt der Menschen sind dann umso beeindruckender: In den verblüffenden Analogien scheint das gleiche Geheimnis durchzuschimmern, das Maeterlinck nicht etwa lüftet, sondern verdichtet, als »Mysterium des Lebens«, das gerade auch im »Leben dieser kleinen Insekten und ihrer verschwiegensten Geheimnisse« vorhanden ist.[47] Dafür findet der Dichter immer wieder poetische Formulierungen. Oder nüchterner formuliert: Erst baut er eine Allegorie auf, die die Parallelen zwischen uns und den Ameisen betont, dann wird die Grundlage der Ähnlichkeit, das *tertium comparationis*, symbolistisch verrätselt.

Erst die Allegorie: Die Ameisen sind im Zuge ihrer Fortschritts- und Zivilisationsgeschichte vom Jagen und Sammeln

> »zur Milch der Blattläuse übergegangen, das heißt zum Hirtenleben und später zur Pilzzüchtung, mit anderen Worten: zum Ackerbau und zur Pflanzenkost. Diese übrigens nicht unbestrittene Entwicklung, deren sämtliche Stufen heute nebeneinander bestehen, gemahnt merkwürdig an die Entwicklung des Menschen; denn auch er ist nacheinander Jäger, Hirte und Ackerbauer gewesen.«[48]

Was für eine Analogie! Auch die Ameisengesellschaft durchläuft einen Prozess der Zivilisation. Und wie wir, muss sie ihre Arbeitskräfte und Bedarfe klug auf Sammler und Jäger, Ackerbauern und Hirten verteilen, zugleich die Bevölkerung und ihre Ressourcen schützen, Überschüsse als Vorräte haltbar anlegen, den Nachwuchs großziehen und so weiter und so fort. Wie kann das gelingen?

> »Das Problem der Verständigung ist übrigens eines der aufregendsten des Ameisennestes. Unter bestimmten Umständen, wenn es sich um den Bau oder die Verteidigung des Nestes, die Verteilung

> der Arbeit, um militärische Pläne, die Pflege der Larven, die außerordentlich schwierige Pilzzucht, den Unterhalt, das Weiden und den Schutz des Nutzviehs oder die Bildung einer Gruppe von Weberinnen handelt, die widerspenstige Blattränder zusammenhalten sollen – unter solchen Umständen, stellt man mit Bewunderung ein allgemeines und sofortiges Einvernehmen fest. Anscheinend ist das nur so zu erklären: Die Ameisen müssen fähig sein, sich untereinander verständlich zu machen, Ratschläge oder Befehle auszutauschen, kurz, einem gemeinsamen Plan zu folgen.«[49]

Aber diese Annahmen führen bei Maeterlinck allesamt zurück in ein Staunen über ein unerklärliches Wunder:

> »Ist die Ameisenrepublik, wie man kürzlich sagte, eine ›organisierte Anarchie‹ oder die ›kumulative Form einer kollektivistischen Gesellschaftsordnung‹? Wer kann uns beantworten, was diese Worte bedeuten?«[50]

Es bleibt ein Rätsel. Und Maeterlinck verwandelt eine Forschungsfrage[51], die doch soziobiologisch zu beantworten wäre, in ein Mysterium, das auch die menschliche Existenz prägt. Hier spricht der Dichter, dessen Werk dafür gelobt worden ist, die okkultesten Geheimnisse der Welt nur hinter einem »aus Träumen gewebten Schleier«[52] zu zeigen:

> »Was würde uns so ein Leben, ins Menschliche übertragen, bedeuten? Wäre es im Vergleich zu unserem jetzigen unerträglicher, nutzloser,

unerklärlicher, trostloser oder nicht? Sollten die Entdeckungen und Enthüllungen zukünftiger Jahrhunderte unsere Seelen und Körper nicht entscheidend verbessern und umformen? Sieht man überdies von der immer unwahrscheinlicheren Existenz nach dem Tode, von den Jahrtausende unerfüllt gebliebenen Versprechungen auf das Jenseits ab, dann glaube ich, dass die Ameise lange nicht so unglücklich ist wie der Glücklichste unter uns.«[53]

»Aber sind diese Auslegungen nicht gar zu eindeutig auf das Menschliche übertragen?«[54] Maeterlincks Antwort ist eindeutig: Nein! Das Rätsel der Ameisen sei auch unser Rätsel. Und gerade Maeterlincks Symbol für dieses Rätsel, der »hive mind«[55], erfreut sich noch heute größter Beliebtheit als Schlagwort, das weniger erklärt, als dass es Unverstandenes und Unerklärliches zum Verschwinden bringt.

Anmerkungen

1 Carl von Linné, *Systema naturæ sistens regna tria naturæ, in classes et ordines, genera et species redacta tabulisque æneis illustrata* [1748], Lugdunum Batavorum (Leiden): Theodor Haak 1756, S. 70.

2 Eva Horn, Lucas Marco Gisi, *Schwärme. Kollektive ohne Zentrum. Eine Wissensgeschichte zwischen Leben und Information*, Bielefeld: transcript 2009.

3 *Fabeln der Antike*, hg. von Harry Schnur, Erich Keller, Darmstadt: 1985, S. 319–321.

4 Maurice Maeterlinck, *Das Leben der Ameisen* [1930], übers. von Käthe Illch, Wien: Czernin 2025, S. 34.

5 Maeterlinck, *Das Leben der Ameisen*, S. 34.

6 Jean Pierre Huber, *Recherches sur les Moeurs des Fourmis indigène*, Paris, Genève: Paschoud 1810, S. 155. Die Übersetzung lautet etwa so: »Gesellschaft? Die Ameisen, deren Zivilisation entwickelter zu sein scheint, als man anzunehmen geneigt war, deren Lebensweise nichts als Harmonie erkennen lässt – gegenseitige Fürsorge, Rücksicht gegenüber ihren Weibchen, Eintracht und vollkommene Gleichheit unter allen.«

7 Ebd., S. 19, 313 (»exempte d'abus«).

8 Niels Werber, *Ameisengesellschaften. Eine Faszinationsgeschichte*, Frankfurt am Main: Fischer 2013, S. 37.

9 Jan Swammerdam, *Bibel der Natur* [1737–1738], übers. von Herman Borhaeve, Leipzig: Gleditsche Buchandlung 1752, S. 123.

10 Maeterlinck bedient sich bei Eugène Marais, *Die Seele der weissen Ameisen* [*Die Siel van die Mier,* 1925], Berlin: 1939.

11 William Morton Wheeler, *Social Insects*, New York: Harcourt, Brace and Company 1928, S. 24. Bert Hölldobler, Edward O. Wilson, *The Ants*, Berlin, Heidelberg et. al.: Springer 1990, S. 358.

12 Niels Werber, »Sense per Simplicity: Ant Societies as a Self-description Formula of Society«, in: MLN (Modern Language Notes), 130. Jg., Nr. 3 (2015), S. 430–446.

13 Maeterlinck, *Das Leben der Ameisen*, S. 169.

14 Ebd., S. 100.

15 Bert Hölldobler, Edward O. Wilson, *The Superorganism. The Beauty, Elegance, and Strangeness of Insect Societies*, New York: Norton 2009. Martin A. Nowak, with Roger Highfield, *Supercooperators. Altruism, Evolution, and Why we need each other to succeed*, New York, London: Free Press 2011.

16 Maeterlinck, *Das Leben der Ameisen*, S. 23.

17 Ebd., S. 32.

18 Ebd., S. 72.

19 Vgl. Werber, *Ameisengesellschaften. Eine Faszinationsgeschichte*, S. 291–299. Charlotte Sleigh, *Six Legs Better. A Cultural History of Myrmecology*, Baltimore: Johns Hopkins University Press 2007.

20 Maeterlinck, *Das Leben der Ameisen*, S. 164.

21 Vgl. William Morton Wheeler, *Ants*, New York: 1910; John Lubbock, *Ameisen, Bienen und Wespen. Beobachtungen über die Lebensweise der geselligen Hymenopteren*, Leipzig: Brockhaus 1883; Paul Erich Wasmann, *Die zusammengesetzten Nester und gemischten Kolonien der Ameisen*, Münster: Aschendorffsche Druckerei 1891.

22 Vgl. Horn/Gisi, *Schwärme. Kollektive ohne Zentrum. Eine Wissensgeschichte zwischen Leben und Information*; Eva Johach, »Der Bienenstaat. Geschichte eines politisch-moralischen Exempels«, in: Politische Zoologie, hg. von Anne von der Heiden, Joseph Vogl, Berlin: diaphanes 2007, S. 219–233; Niels Werber, »Mating means dying: Zur Männlichkeit der Drohnen in Entomologie und Literatur«, in: *Geschichte(n) von Macht und Ohnmacht. Narrative von Männlichkeit und Gewalt*, hg. von Uta Fenske, Gregor Schuhen, Bielefeld: transcript 2016, S. 237–250.

23 Maurice Maeterlinck, *The Live of the Bee*, übers. von Alfred Sutro, London: Allen & Sons 1901.

24 Eva Johach, »Schwärmen nach der fernen Geliebten. Naturpoesie und Geschlechtermetaphysik in Maurice Maeterlincks ›Das Leben der Bienen‹ (1919)«, in: Zeitschrift für Germanistik, 18. Jg., Nr. 2 (2008), S. 308–317, S. 313

25 Ernst Jünger, *Die gläsernen Bienen*, Stuttgart: 1957, S. 118. Vgl. Niels Werber, »Jüngers Bienen«, in: Deutsche Zeitschrift für Philologie, Nr. 2 (2011), S. 245–260.

26 https://www.nobelprize.org/prizes/literature/1911/ceremony-speech/ (Zuletzt abgerufen am 11.08.2025.) Die Übersetzung ins Deutsche von 1966 verstellt den Sinn, daher gebe ich oben eine eigene und verweise auf die englische Fassung. Vgl. Carl David af Wirsén, »Verleihungsrede« (1926/1930), in: Maurice Maeterlinck, *Das Leben der Termiten. Das Leben der Ameisen* [1926/1930], hg. von dem Kreis der Nobelpreisfreunde, übers. von Käthe Illch, Zürich: Coron o.J./1966, S. 23–35, hier S. 33f.

27 Wheeler, *Ants*, S. 183f. Vgl. dazu Werber, »Mating means dying«, S. 242.

28 William Morton Wheeler, »The Termitodoxa, or Biology and Society«, in: The Scientific Monthly, 10. Jg., Nr. 2 (1920), S. 113–124; William Morton Wheeler, *Emergent Evolution and the*

Social, in: *Psyche Miniature*, hg. von Charles Kay Odgen, London: Kegan, Trench, Trubner 1927.

29 Thomas D. Seeley, *Honeybee Democracy*, Princeton, Oxford: Princeton University Press 2010.

30 Henry Christopher McCook, *Ant Communities and how they are governed. A study in natural civics*, New York, London: Harper 1909, S. xvi.

31 Karl Escherich, *Termitenwahn. Eine Münchener Rektoratsrede über die Erziehung zum politischen Menschen*, München: Langen & Müller 1934, S. 15 f. Vgl. auch Geoffrey Winthrop-Young, »The Social Politics of Karl Escherich's 1933 Inaugural Presidential Lecture«, in: Journal of the History of Biology, 56. Jg., Nr. 1 (2023), S. 65–95.

32 Leslie A. Fiedler, »Cross the border, close the gap«, in: *Playboy. The Men's Entertainment Magazine*, 16. Jg., Nr. 12 (1969), S. 151, 230, 252–258.

33 https://www.nobelprize.org/prizes/literature/1911/ceremony-speech/ (Zuletzt abgerufen am 11.08.2025.)

34 Vgl. meinen Aufsatz in: Davide Giuriato, Anatol Heller, *Insektenpoesie. Ansätze zu einer literarischen Entomologie*, Berlin, Heidelberg: Metzler 2025.

35 Maeterlinck, *Das Leben der Ameisen*, S. 130.

36 Richard Dawkins, *Das egoistische Gen* [1976], Heidelberg: Spektrum 2006.

37 Maeterlinck, *Das Leben der Ameisen*, S. 34, 147.

38 Vgl. W. D. Hamilton, »The genetical evolution of social behaviour II«, in: *Journal of Theoretical Biology*, 7. Jg., Nr. 1 (1964), S. 17–52, hier S. 28 f.

39 Edward Osborne Wilson, *Anthill. A Novel*, New York: Norton 2010, S. 246.

40 Edward Osborne Wilson, *The Insect Societies*, Cambridge, Mass., London: Harvard UP 1971, S. 320.

41 Charles Darwin, *Die Entstehung der Arten* [1859, 6. Aufl. 1872], übers. von J. Viktor Carus, Hamburg: Nikol 2008, S. 328.

42 Ebd., S. 329. Kursive Hervorhebungen von mir.

43 Dies ist umstritten. Aus der Sicht von Richard Dawkins, *The selfish gene* [1976], Oxford: Oxford University Press 2006, S. 137, ist die einzige Einheit, die für die Evolution zählt, das »egoistische Gen«, also weder eine Gruppe noch eine Familie.

44 Darwin, *Die Entstehung der Arten*, S. 330 f.

45 Charles Darwin, *On the origin of species by means of natural selection, or the preservation of favoured races in the struggle for life*, London: Murray 1859, S. 236. Die Übersetzung von *community* mit »Gemeinde« klingt unangemessen religiös. Gemeinschaft wäre treffender.

46 Darwin, *Die Entstehung der Arten*, S. 334. Kursive Hervorhebungen von mir.

47 Maeterlinck, *Das Leben der Ameisen*, S. 17.

48 Ebd., S. 22.

49 Ebd., S. 99 f.

50 Ebd., S. 30.

51 Was die Frage der Verständigung von Insekten angeht, haben sich Karl von Frischs Studien zum »Bienentanz« als wegweisend erwiesen. Vgl. dazu aus dem Czernin Verlag (Wien 2018): Tania Munz: *Der Tanz der Bienen. Karl von Frisch und die Entdeckung der Bienensprache.*

52 af Wirsén, »Verleihungsrede«, S. 35.

53 Maeterlinck, *Das Leben der Ameisen*, S. 164.

54 Ebd., S. 41.

55 Maeterlinck, *Das Leben der Termiten. Das Leben der Ameisen*, S. 161. Vgl. zur begeisterten Rezeption Maeterlincks unter diesem Stichwort: Kevin Kelly, *Out of Control. The Rise of Neo-Biological Civilization*, Reading, Mass.: 1994.

Bibliographie

ALVERDES (Fr.). – *Social Life in he Animal World. New York. Harcourt, Brace et Co. 1927. – Manuel descriptif des fourmis d'Europe pour servir à l'étude des insectes myrmécophiles. Revue Mag. Zool. 1874. – Species des Hyménoptères composant le groupe des Formicides de l'Europe. 1881–1885. – Les fourmis. Hachette. 1886.*

BELT (T.). – *The Naturalist in Nicaragua. London 1874.*

BETHE (A.). – *Dürfen wir Ameisen und Bienen psychische Qualitäten zuschreiben? 1898.*

BONNET (C.). – *Œuvres d'histoire naturelle et de philosophie. 1779. – Traité d'entomologie. 1745.*

BOUVIER (E.-L.). – *Le communisme chez les insectes. Flammarion. Paris 1926. – La Vie psychique des insectes. Ibid. 1922. – Habitudes et métamorphoses des insectes. Ibid.*

BRENT (C.). – *Notes on the Oecodomas or Leaf-cutting Ants of Trinidad. Am. Nat. 20. 2. 1886.*

BRUN (R.). – *Psychologische Forschungen an Ameisen. 1922. – Le problème de l'orientation lointaine chez les fourmis et la doctrine transcendantale de V. Cornetz. 1916.*

BRYAN (Ch.). – *Harvesting Ant. Nature. 60. 174. 1899.*

BUCKLEY (S.-B.). – *The Cutting Ants of Texas. Proc. Acad. Nat. Sc. Phila. P. 233. 1860.*

BUGNION (E.). – *La guerre des fourmis et des termites, etc. Kundig. Genève. 1923.*

CORNETZ (V.). – *Les explorations et voyages des fourmis. 1914. – Le sentiment topographique chez les fourmis. Revue des Idées. Paris. 1909. – Opinions diverses à propos de l'orientation de la fourmi. Bull. Soc. Hist.*

Nat. Afrique Nord. 1914. – L'illusion de l'entr'aide chez la fourmi. Rev. des Idées. 1912. – De la durée de la mémoire des lieux chez la fourmi. Arch. de Psychologie. 1912. – Quelques observations sur l'estimation de la distance chez la fourmi. Soc. Hist. Nat. Afrique Nord. 1912. – Transport des fourmis d'un lieu dans un autre. Ibid. 1913. – Divergences d'interprétation à propos de l'orientation chez la fourmi. Rev. Suisse Zool. 1913. – Les fourmis voient-elles des radiations solaires traversant les corps opaques? Inst, gén. Psychologique. 1912.

DE GEER (K.). – *Mémoires pour servir à l'histoire des insectes. 1773.*

DODD (F.-P.). – *Notes on the Queensland Green Tree Ants. Victorian Nat. 18. 136–140.*

DOFLEIN (F.). – *Beobachtungen an den Weberameisen. Biol. Centralb. 25. Leipzig. 1905.*

DOHRN (C.-A.). – *Zur Lebensweise der Paussiden. Stett. Ent. Zeitg. 37. 1876.*

DOMINIQUE (J.). – *Fourmis jardinières. Bull. Soc. Nat. Ouest. Nantes. 1900.*

DOUGLAS (J.-W.). – *Ants-nest Beetles. Ent. Week. Intell. 1859.*

DUFOUR et FOREL (A.) – *La sensibilité des fourmis à l'action de la lumière ultra-violette. Arch. Sc. Phys. Nat. 1902.*

ËBRARD (E.). – *Nouvelles observations sur les fourmis. Biblioth. Univer. Suisse. 1861.*

ÉMERY (C.) – *Origine de la faune actuelle des fourmis d'Europe. Bull. Soc. Vaud. Sc. Nat. 1892. – Catalogue des formicides d'Europe. – Sur l'origine des fourmilières. C. R. 6. Congr. Intern. Zool. Berne. 1905. – Ethologie, Phylogénie et Classification. Berne. 1904.*

ESCHERICH (K.). – *Ameisen-Psychologie. Beil. Allgem. Zeitg. München Nr. 100. 1899. – Die Ameise. Schilderung ihrer Lebensweise. Braunschweig Fr. Vieweg und Sohn. 1906.*

ESPINAS (A.). – *Des sociétés animales. Paris. Alcan.*

FIELDE (A.-M.). – *The Sense of Smell in Ants. The Independent. Aug. 1905. – The Sense of Smell in Ants. Ann. N.-Y. Acad. Sc. I. 1905. – The Progressive Odor of Ants. Biol. Bull. 1902. – Tenacity of Live in Ants. Biol. Bull. 7. 1904, et Scient. Amer. 93. 1905.*

FOREL (A.). – *Les fourmis de la Suisse. 1920. Genève. The Social World of the Ants. 1928. New York. Albert et Charles Boni. – Le monde social des fourmis, 5 vol. Genève. 1921–23.*

GOELDI (E.). – *Myrmécologische Mitteilung das Wachsen des Pilzgartens bei Atta cephalotes betreffend. C. R. 6. Congr. Internat. Zool. Berne. 1905. – Beobachtungen über die erste Anlage einer neuen Kolonie von Atta cephalotes. Ibid. 1905.*

GREEN (E.-E.). – *On the Habits of the Indian Ant. (Oecophylla Smaragdina). Trans. Ent. Soc. London proc. 1896.*

HAMILTON (J.). – *Catalogue of the Myrmecophilous Coleoptera. Cand. Ent. 1888–89.*

HEYDE (K.). – *Die Entwicklung der psychischen Fähigkeiten der Ameisen etc. Biol. Zentralb. V. 44. 1924.*

HUBER (J.). – *Über die Koloniengründung bei Atta Sexdens. Biol. Centralb. 25. 1905. – Idem. Smiths Report for. 1906.*

HUBER (P.). – *Recherches sur les mœurs des fourmis indigènes. Genève. 1810.*

VON IHERING (H.). – *Die Anlage neuer Colonien und Pilzgärten bei Atta Sexdens. 1898. Zool. Anz. 21.*

JACOPSON (E.). – *Notes on Web-spinning Ants. 1907. Victorian. Nat. 24.*

JACOBSON (E.), et WASMANN (E.) – *Beobachtung über Polyrhachis dives auf Java, die ihre Larven zum Spinnen der Nester benutzt. 1905. Notes Leyden Mus. 25.*

JANET (C.). – *Études sur les fourmis, les guêpes et les abeilles. Notes 13 à 21 (1897 à 1899). – Études sur les fourmis (nids artificiels en plâtre, fondation d'une colonie par une femelle isolée). Bulletin de la Soc. zool. de France. 1893. – Appareil pour l'élevage et l'observation des fourmis. Ann. de la Soc. entom. de France. 52, 62. 1893. – Rapports des animaux myrmécophiles avec les fourmis. 1897. Limoges. Ducourtieux. – Observations sur les fourmis. 1904. Limoges. Ducourtieux et Goût.*

KIENITZ-GERLOFF (F.). – *Besitzen die Ameisen Intelligenz? 1899. Naturw. Wochenschr. 14.*

KIRBY (W.-F.). – *Mental Status of Ants, etc. 1883.*

KOCH (C.-L.). – *Die Pflanzenläuse (Aphiden). Nürnberg. 1857.*

LAMEERE (A.). – *Notes sur les fourmis de la Belgique. Ann. Soc. entom. Belge. 1892.*

LATREILLE (P.-A.). – *Essai sur l'histoire des fourmis de France. Brives. 1798. Histoire naturelle des fourmis. Paris. 1802.*

LEESBERG (A.-F.-A.). – *Mieren als levende deuten Ent. Ber. 2. 1906.*

VAN LEEUWENHOECK (A.). – *Arcana Naturae. 1719.*

LEPELETIER DE SAINT-FARGEAU. – *Historie naturelle des insectes hyménoptères. Paris. Roret. 1836.*

LESPÈS (C.). – *Sur la domestication des Clavigers par les fourmis. Bull. Soc. Anthr. Paris. 3. 1868.*

LINCECUM (G.). – *Notice on the Habits of the Agricultural Ants of Texas. Journ. Proc. Acad. Nat. Sc. Phila. C. 1862. – On the Agricultural Ants of Texas. Proc. Acad. Nat. Sc. Phila. 18. 1866.*

LUBBOCK (Sir J.). – *Ants, Bees and Wasps. Revised Ed. Inter. Sc. Ser, N.-Y. Appleton et Co. 1894. – On the Habits of Ants. Sc. Lect. London. 1879. – Les mœurs des fourmis. Trad. Battandier. Alger. 1880.*

MC. COOK (H.). – *The Agricultural Ant of Texas. Proc. Acad. Nat. Sc. Phila. Nov. 13. 1877. – The Natural History of the Agricultural Ant of Texas. Phila. 1879. – The Honey Ants of the Garden of the Gods and the Occident Ants of the American Plains. Phila. Lippincott et Co. 1882.*

MEISENHEIMER (J.). – *Lebensgewohnheiten der Ponerinen. Nat. Wochenschr. 1902.*

MICHELET (J.). – *L'insecte. Hachette. 1884.*

MOELLER (A.). – *Die Pilzgarten einiger südamerikanischen Ameisen. Jena. 1893.*

MOGGRIDGE (J.-T.). – *Harvesting Ants and trapdoor Spiders, with Observations on their Habits and Dwellings. London. 1873.*

MORRIS (C.). – *Habits and Anatomy of the Honey-bearing Ant. Journ. Sc. July. 1890.*

MÜLLER (W.). – *Beobachtungen an Wanderameisen (Eciton hamatum). Kosmos. 18. 1886.*

NORTON (E.-R.). – *Remarks on Mexican Formicidæ (Eciton). Trans. Am. Ent. Soc. 2. 1868. – Notes on Mexican Ants. Am. Nat. 2. 1868.*

PERKINS (G.-A.). – *The Drivers. Amer. Nat. 3. 1870.*

PIÉRON (H.). – *Du rôle du sens musculaire dans l'orientation des fourmis. Bull. Inst. Gén. Psychol. Paris. 4. 1904. – Contribution à l'étude du problème de la reconnaissance chez les fourmis. C. R. 6. Congr. Internat. Zool. Berne. 1905. – L'adaptation à la recherche du nid chez les fourmis. C. R. Séances Soc. Biol. Paris. 62. 1907.*

RÉAUMUR (R.-A.). – *Histoire des fourmis. (Avec traduction anglaise et notes de Wheeler.) New York. 1926.*

REINHARDT (H.). – *Weben der Ameisen. Natur u. Haus. 14. 1906.*

RENNIE (J.). – *The Amazon Ant. Field Nat. Mag. 2. 1834.*

ROMANES (G.-J.). – *Animal Intelligence. New York. Appleton et Co. 1883.*

RUDOW (F.). – *Ameisen als Gärtner. Insektenbörse. 22.1905.*

SANTSCHI (F.). – *A propos des mœurs parasitiques temporaires des fourmis du genre Bothriomyrmex. Ann. Soc. Entom. France. 75. 1906. – Nouvelles fourmis de l'Afrique du Nord. Ibid. 11. 1908. – Comment s'orientent les fourmis. 1913.*

SAUNDERS (W.). – *The Mexican Honey Ant. (Myrmecocystus Mexicanus). Canad. Ent. 1. 1875.*

DE SAUSSURE (H.). – *Les fourmis américaines. Bibl. Univ. 10. 1883.*

SAVAGE (T.-S.). – *On the Habits of the Drivers or Visiting Ants of West Africa. Trans. Ent. Soc. London. 5. 1847.*

SCHÄFFER (C.). – *Über die geistigen Fähigkeiten der Ameisen. Ver. Nat. Ver. Hamburg. 1902.*

SCHENKLING-PRÉVOT. – *Ameisen als Pilz-Züchter und -Esser. Illustr. Wochenschr. Ent. 6. 1896. – Rozites gongylophora, die Kulturpflanze der Blattschneide-Ameise. Ibid. 2. 1897.*

SCHMITZ (H.). – *Das Leben der Ameisen und ihrer Gäste. G.-J. Manz. Regensburg. 1906.*

SCHOUTEDEN (H.). – *Les Aphides radicicoles de Belgique et les fourmis. Ann. Soc. Ent. Belg. 46. 1902.*

SCUDDER (S.-H.). – *Systematic review of our present knowledge of fossil Insects. Bull. U. S. Geol. surv. 31. 1886.*

SMALIAN (C.). – *Altes und Neues aus dem Leben der Ameisen. Zeitschr. Naturw. 67. 1894.*

SWAMMERDAM (J.). – *Biblia Naturae. Leyden. 1737.*

TEPPER (J.-G.-O.). – *Observations on the Habits of some South Australian Ants. Trans, and Proc. Roy. Soc. S. Austral. 5. 1882.*

TOWNSEND (B. R.). – *The Red Ant of Texas. Am. Ent. and bot. St.-Louis, Mo. 2. 1870.*

URICH (F.-W.). – *Notes on Some fungus-grawing Ants in Trinidad. Journ. Trinidad Club. 2–7. 1895.*

VIEHMEYER (H.). – *Beobachtungen über das Zurückfinden von Ameisen zu ihrem Neste. Illustr. Zeitschr. Ent. 5.1900.*

WASMANN (E.) (S.-J.). – *Kritisches Verzeichnis der myrmecophilen Anthropoden etc. Berlin. 1894. – Instinkt und Intelligenz im Tierreich. Freiburg. Herdersche Verlagshandlung. 1899. – Die psychischen Fähigkeiten der Ameisen 9. Beitr. Kennin. Myrmecoph. Zoologica, II. 26. 1900. – Zum Orientierungsvermögen der Ameisen. Allgem. Zeitschr. Ent. 6. 1901. – Ursprung und Entwickelung der Sklaverei bei den Ameisen. Biol. Centralb. 25. 1905. – Zur Geschichte der Sklaverei beim Volke der Ameisen. Stimm. Maria-Laach. 70. 1906.*

WHEELER (W.-M.). – *Ants. New York. Columbia University Press. 1926. – Social Life among the Insects. New York. Harcourt. Brace et Co. 1923. – On the Founding of Colonies by Queen Ants, with special reference to the Parasitic and Slave-Making Species. Bull. Amer. Mus. Nat. Hist. 22. 1906. – The Fungusgrowing Ants of North America. Ibid. 23. 1907.*

WHITE (W.-F.) – *Ants and their Ways. London. 1883.*

Abbildungsnachweise

S. 9: Hermann Stitz: Die Ameisen (Formicidae) Mitteleuropas, insbesondere Deutschlands. In: Christoph Schröder (Hg.): Die Insekten Mitteleuropas, insbesondere Deutschlands. Zweiter Band. Hymenopteren. Zweiter Teil. Band II. Stuttgart: Franckh'sche Verlagshandlung 1914, S. 145.

S. 16: Horace St. John Kelly Donisthorpe: British Ants, their Life-History and Classification. Plymouth: W. Brendon and Son 1915, S. 16.

S. 20: William Morton Wheeler: Ants. Their Structure, Development and Behavior. New York: Columbia University Press 1910, S. 163.

S. 24: William Morton Wheeler: Social Life Among the Insects. Being a Series of Lectures Delivered at the Lowell Institute in Boston in March 1922. New York: Harcourt, Brace and Company 1923, S. 158. [Fotografie von J. G. Hubbard und O. S. Strong.]

S. 27: Karl Sajó: Krieg und Frieden im Ameisenstaat. Stuttgart: Franckh'sche Verlagshandlung 1822, S. 16.

S. 33: William Morton Wheeler: Ants. Their Structure, Development and Behavior. New York: Columbia University Press 1910, S. 68.

S. 35: Jean-Jacques Grandville: La cigale et la fourmi. In: Fables de La Fontaine. Paris: Garnier Frères 1855, S. 5.

S. 39: William Morton Wheeler: Ants. Their Structure, Development and Behavior. New York: Columbia University Press 1910, S. 33.

S. 46: William Morton Wheeler: Social Life Among the Insects. Being a Series of Lectures Delivered at the Lowell Institute in Boston in March 1922. New York: Harcourt, Brace and Company 1923, S. 193. [Fotografien von Carlos Bruch.]

S. 49: William Morton Wheeler: Social Life Among the Insects. Being a Series of Lectures Delivered at the Lowell Institute in Boston in March 1922. New York: Harcourt, Brace and Company 1923, S. 203.

S. 52: Horace St. John Kelly Donisthorpe: British Ants, their Life-History and Classification. Plymouth: W. Brendon and Son 1915, S. 30.

S. 59: Karl Escherich: Die Ameise. Schilderung ihrer Lebensweise. Zweite verbesserte und vermehrte Auflage. Braunschweig: Friedrich Vieweg & Sohn 1917, S. 118. [Fotografie von K. Diedrichs.]

S. 62: Horace St. John Kelly Donisthorpe: British Ants, their Life-History and Classification. Plymouth: W. Brendon and Son 1915, S. 272.

S. 64: Hermann Stitz: Die Ameisen (Formicidae) Mitteleuropas, insbesondere Deutschlands. In: Christoph Schröder (Hg.): Die Insekten Mitteleuropas, insbesondere Deutschlands. Zweiter Band. Hymenopteren. Zweiter Teil. Band II. Stuttgart: Franckh'sche Verlagshandlung 1914, S. 32.

S. 68: Karl Escherich: Die Ameise. Schilderung ihrer Lebensweise. Zweite verbesserte und vermehrte Auflage. Braunschweig: Friedrich Vieweg & Sohn 1917, S. 10.

S. 70: Karl Escherich: Die Ameise. Schilderung ihrer Lebensweise. Zweite verbesserte und vermehrte Auflage. Braunschweig: Friedrich Vieweg & Sohn 1917, S. 6.

S. 73: Hermann Stitz: Die Ameisen (Formicidae) Mitteleuropas, insbesondere Deutschlands. In: Christoph Schröder (Hg.): Die Insekten Mitteleuropas, insbesondere Deutschlands. Zweiter Band. Hymenopteren. Zweiter Teil. Band II. Stuttgart: Franckh'sche Verlagshandlung 1914, S. 11.

S. 75: Erich Wasmann: Das Gesellschaftsleben der Ameisen. Das Zusammenleben von Ameisen verschiedener Arten und von

Ameisen und Termiten. Gesammelte Beiträge zur sozialen Symbiose bei den Ameisen. I. Band. Zweite, bedeutend vermehrte Auflage. Münster: Aschendorffsche Verlagsbuchhandlung, 1915, S. 421.

S. 79: William Morton Wheeler: Social Life Among the Insects. Being a Series of Lectures Delivered at the Lowell Institute in Boston in March 1922. New York: Harcourt, Brace and Company 1923, S. 207.

S. 95: Hermann Stitz: Die Ameisen (Formicidae) Mitteleuropas, insbesondere Deutschlands. In: Christoph Schröder (Hg.): Die Insekten Mitteleuropas, insbesondere Deutschlands. Zweiter Band. Hymenopteren. Zweiter Teil. Band II. Stuttgart: Franckh'sche Verlagshandlung 1914, S. 7.

S. 113: Karl Escherich: Die Ameise. Schilderung ihrer Lebensweise. Zweite verbesserte und vermehrte Auflage. Braunschweig: Friedrich Vieweg & Sohn 1917, S. 147.

S. 120: William Morton Wheeler: The Social Insects. Their Origin and Evolution. New York: Harcourt, Brace and Company 1928, S. 204. [Fotografie von D. Fairchild.]

S. 124: Karl Sajó: Krieg und Frieden im Ameisenstaat. Stuttgart: Franckh'sche Verlagshandlung 1822, S. 16.

S. 128: William Morton Wheeler: The Social Insects. Their Origin and Evolution. New York: Harcourt, Brace and Company 1928, S. 201. [Fotografie von Carlos Bruch.]

S. 130: William Morton Wheeler: The Social Insects. Their Origin and Evolution. New York: Harcourt, Brace and Company 1928, S. 201. [Fotografie von Carlos Bruch.]

S. 132: Karl Sajó: Krieg und Frieden im Ameisenstaat. Stuttgart: Franckh'sche Verlagshandlung 1822, S. 29.

S. 134: Karl Sajó: Krieg und Frieden im Ameisenstaat. Stuttgart: Franckh'sche Verlagshandlung 1822, S. 18.

S. 138: Karl Sajó: Krieg und Frieden im Ameisenstaat. Stuttgart: Franckh'sche Verlagshandlung 1822, S. 60.

S. 140: Karl Sajó: Krieg und Frieden im Ameisenstaat. Stuttgart: Franckh'sche Verlagshandlung 1822, S. 62.

S. 142: Karl Escherich: Die Ameise. Schilderung ihrer Lebensweise. Zweite verbesserte und vermehrte Auflage. Braunschweig: Friedrich Vieweg & Sohn 1917, S. 56.

S. 144: Karl Escherich: Die Ameise. Schilderung ihrer Lebensweise. Zweite verbesserte und vermehrte Auflage. Braunschweig: Friedrich Vieweg & Sohn 1917, S. 151.

S. 152: Karl Escherich: Die Ameise. Schilderung ihrer Lebensweise. Zweite verbesserte und vermehrte Auflage. Braunschweig: Friedrich Vieweg & Sohn 1917, S. 193.

S. 160: William Morton Wheeler: The Social Insects. Their Origin and Evolution. New York: Harcourt, Brace and Company 1928, S. 294.

Charles Darwin

Die Bildung der Ackererde durch die Tätigkeit der Würmer

Zahlreiche Abbildungen
264 Seiten
978-3-7076-0696-6
Hardcover | 25,– Euro

Nie war ein Buch über Regenwürmer aktueller als heute. In Zeiten der versiegelten Landflächen, des exzessiven Einsatzes von Insektiziden und den Auswirkungen des Klimawandels erkennt man immer mehr, wie wichtig ein lebendiger, organismenreicher und gut durchlüfteter Boden für das gesamte Ökosystem ist.

Charles Darwin bietet einen faszinierenden Einblick in die Welt der Würmer: Sie lockern die Erde, kompostieren Laub und düngen den Boden. Durch die Neuausgabe dieses Klassikers wird eine Fülle an Informationen über das Leben und Wirken der Regenwürmer wieder zugänglich – für Biologen, Botaniker, Hobbygärtner und auch naturwissenschaftliche Laien.

Rachel L. Carson
Am Saum der Gezeiten

Zahlreiche Abbildungen
384 Seiten
978-3-7076-0875-5
Hardcover | 27,– Euro

Die Biologin und Wissenschaftsjournalistin Rachel L. Carson (1907–1964) prägte nicht nur als Mitbegründerin der modernen Umweltbewegung, sondern auch als herausragende Schriftstellerin unser Bild von der Beziehung zwischen Mensch und Natur.

In den ursprünglich für den *New Yorker* entstandenen Essays und Porträts von *Am Saum der Gezeiten* erkundet sie das Ökosystem Meer und verbindet dabei biologische Fachkenntnis mit poetischer Sprachbegabung, die das Buch rasch zu einem Klassiker des Nature Writing avancieren ließen, der nun in einer illustrierten Neuedition endlich wieder auf Deutsch greifbar wird.

Paul Kammerer
Das Terrarium und Insektarium

Zahlreiche Abbildungen
280 Seiten
978-3-7076-0823-6
Hardcover | 25,– Euro

Nach 1900 herrschte in Mitteleuropa ein regelrechter Terrarien- und Aquarienboom. Die Leidenschaft für Kriechtiere und Lurche teilte auch der als »Krötenküsser« bekannte Biologe Paul Kammerer. Mit *Das Terrarium und Insektarium* schrieb er einen einzigartigen Leitfaden für den Bau eines Terrariums, seine Pflanzen- und Tierwelt. Die Neuauflage macht das historische Grundlagenwerk über die artgerechte Haltung von Reptilien und Amphibien wieder zugänglich.

Maurice Maeterlinck

Geboren 1862 in Gent, gestorben 1949 in Nizza, gilt als Hauptvertreter des Symbolismus, der 1911 mit dem Literaturnobelpreis gewürdigt wurde. Der begeisterte Bienenzüchter trat aber auch als Verfasser naturkundlicher Schriften hervor, zu denen das erstmals 1930 veröffentlichte *Leben der Ameisen* zählt.

Niels Werber

Geboren 1965, ist Professor für Neuere Deutsche Literaturwissenschaft an der Universität Siegen. Er forscht u. a. zu literarischer Systemtheorie und Geopolitik sowie zur Theorie des Populären. Seine vielbeachtete Monografie *Ameisengesellschaften* erschien 2013 bei S. Fischer.